AUX

HOMMES CÉLÈBRES

QUI ONT ILLUSTRE

LA MINÉRALOGIE FRANÇAISE;

A DAUBENTON,

QUI LA TIRA DU BERCEAU;

AUX GÉNIES

QUI, COMME LUI, PEUVENT DIRE:

Libera per vacuum posui vestigia princeps ;
Non aliena meo pressi pede.

Hor. ep. 19, l. 1.

TABLEAU SYNOPTIQUE

DES MINÉRAUX,

Par Classes, Ordres, Genres, Espèces, Variétés, Sous-variétés, d'après la méthode et la nomenclature d'HAUY; augmenté des objets découverts depuis l'impression de l'ouvrage de ce Savant.

Le Tableau est précédé d'une TERMINOLOGIE, où l'on trouvera l'explication des termes employés dans le cours de l'Ouvrage, et des Observations sur les différentes théories des Volcans, particulièrement sur celle de PATRIN.

Par A. DESVAUX,

Membre de la Société d'Emulation de Poitiers.

Nisi utile est quod facimus, nulla est gloria.
Fab. Phæd. lib. 3.

A PARIS,

Chez F.-V. GUILLEMINET jeune, Libraire, rue des Fossés-Montmartre, près la Banque de France, n.º 3.

A POITIERS,

Chez E.-P.-J. CATINEAU, Imprimeur-Libraire.

AN XIII — 1805.

INTRODUCTION.

De la Minéra-
logie.

LA Minéralogie est une science qui nous donne la connaissance des corps inorganiques qui couvrent notre globe, ou qui se trouvent dans son sein. Les substances salines, terreuses, combustibles, métalliques, les agrégats et les produits volcaniques, tels sont les objets dont elle s'occupe. Non-seulement elle apprend à connaître chacune de ces substances, et les fait distinguer de la foule où elles se trouvent confondues sur le vaste théâtre de l'univers; mais aussi elle démontre leurs caractères et enseigne leurs usages, ne se contentant point d'une nomenclature sèche et aride, qui seule ne peut jamais former une science, si la connaissance qu'elle donne de tous ces objets n'est jointe à une utilité réelle.

De ses progrès.

La Minéralogie a presque été la dernière partie de l'Histoire naturelle que l'on ait perfectionnée. Elle est devenue une science indépendante de toute autre depuis 1580, « où l'on vit au milieu de Paris » un de ces hommes faits pour instruire et éclairer les autres, pour » frayer de nouvelles routes, dissiper les ténèbres de l'ignorance, » établir de nouveaux principes, confirmer ceux déjà reconnus ; en » un mot, lorsque l'on vit Palissi, » génie formé pour illustrer son siècle, qui sut faire de son atelier de potier, le sanctuaire de la nature.

L'on ne s'occupait avant lui que de quelques objets en particulier, et la Minéralogie ne faisait point encore un corps de science, quoique depuis long-temps le célèbre Pline eût fait mention de quelques substances terreuses ou métalliques; mais le peu de notions exactes qu'il en donnait étaient confondues avec une foule de contes absurdes, d'explications invraisemblables et de descriptions embrouillées, qui ne donnaient pas l'idée de ce qu'il voulait faire connaître. Quand on examine l'explication qu'il donne de la formation du quartz hyalin (cristal de roche), ainsi que de celle de l'asbeste, on s'étonne qu'un aussi vaste génie se soit contenté de raisons aussi peu vraisemblables, et qu'il

a

n'ait pas plutôt avoué l'insuffisance de l'explication que l'on po
donner. Mais cessons de parler des erreurs de ce grand naturaliste,
ne nous occuper que des services qu'il a rendus à la science, aya
la noble audace d'entreprendre et de terminer un ouvrage très-pré
pour nous, puisqu'il forme les annales de l'Histoire naturelle des
ciens, qui, sans lui, nous serait inconnue.

Comme on l'a déjà observé, avant Palissi, la Minéralogie ne
mait point une science particulière ; elle ne consistait que da
connaissance de quelques pierres et de quelques métaux, sur les
les chimistes et les alchimistes travaillaient perpétuellement pour
ver cet art imaginaire, inventé par l'ignorance, suivi par l'av
et conservé par la folie, jusque vers ces siècles plus éclairés,
vérité commença à luire et à faire voir tout le ridicule de la rech
du grand œuvre ou de la pierre philosophale.

Après ces temps perdus pour le bonheur des hommes et les pr
des véritables sciences, la Minéralogie commença à étendre sa sp
Chaque jour quelques nouveaux objets accoururent se réunir sou
empire ; les méthodes vinrent à son secours pour ranger dans un
régulier tous ces nouveaux sujets, afin qu'ils ne fussent point confor
de manière que les pierres, les sels, les combustibles, les mét
firent des classes particulières. Telles furent les grandes distribut
jusqu'au moment où Bromel, Cramer, Justi, Valmont de Bon
Werner, Linnée, Romé de Lisle, Buffon et Daubenton, vinrent
blir des divisions partielles qui rendaient cette étude plus f
Enfin elle acquit un degré de perfection bien plus sensible, lorsq
fut éclairée du flambeau de la chimie, et que Croustedt, de Bc
Bergmann, Sage, de Fourcroy, eurent classé les minéraux, non s
simple inspection des caractères extérieurs, mais sur la compos
intime des objets desquels ils nous offraient la connaissance.

Enfin nous voilà rendus à l'époque la plus intéressante, celle
dernières années du 18.ᵉ siècle, où le savant Haüy a perfecti
la Minéralogie, et sur-tout la Cristallographie, nouvelle branch
cette science, qui avait été soupçonnée par Bergmann et étudié
Romé de Lisle.

Les cristaux, ces belles productions minérales, ne sont plus
un jeu ou à un caprice de la nature, comme le pensait Buffon ; ma
sont des corps dont la formation est assujettie à des lois fixes, desq

ils ne s'écartent point. Ce secret, caché depuis tant de siècles, nous a enfin été révélé par un de ces observateurs qui savent si bien scruter les secrets de la nature et tirer le voile qui les cachait, voile que ne peuvent écarter les connaissances ordinaires.

Jetons maintenant un coup-d'œil sur l'utilité de la Minéralogie ; De son utilité. nous y verrons une multitude d'arts dépendre d'elle : l'agriculture, la médecine, la pharmacie, la chimie, la docimasie, la métallurgie, toutes ces sciences ont quelques rapports avec elle.

Est-il une étude qui puisse contribuer davantage aux progrès de l'agriculture ? Non, il n'en est point. La connaissance des terres, des marnes, une fois acquise par le moyen de la Minéralogie, l'agriculture prend un vol plus élevé ; chaque terrain sera amélioré, il ne produira plus à regret des fruits qui demandent un autre lieu ; chaque plante sera appropriée à un terrain qui lui conviendra. La marne, cet engrais précieux, ne sera plus jetée indifféremment sur des terres sèches ou humides ; elle ne rendra plus stérile un lieu qu'elle devait fertiliser, et tout favorisera les vœux de l'agriculteur.

Les volcans, ces goufres de feu, fournissent aussi à l'agriculture un engrais qui rend fertile ces lieux brûlés par les torrens enflammés qui sortent de leur sein et parcourent les campagnes placées au-dessous d'eux.

Si l'on considère en particulier chacun des objets dont la Minéralogie donne la connaissance, on les verra employés soit pour l'utilité, soit pour l'agrément.

L'antimoine, sans parler de plusieurs autres métaux, fournit à la médecine des secours qui rappellent souvent des portes de la mort : et telle est la sage distribution qui règne dans l'univers, qu'un poison offre quelquefois un spécifique, lorsqu'on le présente sous une autre combinaison, après avoir passé par les mains d'un chimiste laborieux.

Les sels présentent encore à la médecine une foule d'avantages qu'elle utilise chaque jour, soit qu'elle les emploie isolés ou combinés dans différentes préparations, soit enfin qu'elle en fasse usage sous l'état de dissolution dans les eaux minérales. Quelle foule de maladies ne font-elles point disparaître, et combien d'êtres malheureux renvoyés vers ces secours, comme dernière ressource, ne sont-ils pas revenus sains et joyeux ? L'on peut dire que l'on voit réaliser les rêveries des poëtes, puisqu'une source d'eau minérale est souvent une fontaine de Jouvence

pour celui qui y recourt, non que par son moyen les années s'enfui[...]
mais parce qu'elle fait disparaître les traces gravées par les malad[...]
et rappelle la fraîcheur de la jeunesse.

Le sel marin (muriate de soude), considéré comme objet de [...]
merce, devient pour plusieurs pays un trésor renaissant, s'il est [...]
des dépôts formés par les eaux de la mer ; mais il est inépuisable[...]
on le considère sous l'état de sel gemme, comme il existe dan[...]
mine de Wielczka dans la Pologne, où depuis six siècles on exploi[...]
sel, sans que l'on doive craindre de la voir s'épuiser. (1)

Les combustibles offrent une source intarissable de richesses. La [...]
lande supplée à la disette du bois par ses minières de houille. L'[...]
gleterre, plus industrieuse, en a su tirer un parti bien plus avantag[...]
puisque la houille lui fournit et un chauffage commode, et un en[...]
précieux pour ses vaisseaux. (2)

Le fer, cet indispensable métal, est employé par l'agriculteur à [...]
chirer le sein de la terre qu'il prépare à recevoir ce grain nourric[...]
toute sa fortune et toute son espérance. Trop heureux les humain[...]

---

(1) Il existe dans cette mine, la plus considérable que l'on connaisse, des [...]
vités immenses dont la circonférence est estimée être de trois lieues. Cette [...]
communique au-dehors par des puits, et les ouvriers y descendent au moye[...]
cordes qui tiennent à un treuil et qui sont filées par des chevaux qu'on con[...]
L'intérieur de la mine est creusé de galeries soutenues par des piliers, dont les v[...]
sont formées par des ouvrages de charpente : quelques-unes de ces galeries [...]
creusées dans le sel gemme, et sont si bien dirigées qu'elles semblent avoir [...]
tirées au cordeau. Il existe aussi plusieurs chambres servant à l'usage des mine[...]
qui sont creusées dans le sel. On y voit encore plusieurs édifices, qui ne le [...]
dent en rien aux nôtres pour la solidité, et qui jouissent en outre d'une li[...]
dité égale à celle du plus beau cristal de roche. Enfin l'on y voit réalisés les [...]
diges des féeries.

(2) Pour obtenir cette espèce de goudron, on fait brûler la houille en grand dans [...]
fourneaux ; l'huile qu'elle laisse échapper en vapeur, est recueillie dans des réserv[...]
qui sont refroidis par les eaux. Le premier fourneau fut établi par lord Dondan[...]
L'huile qui se rendait sous la forme de vapeur dans les réservoirs, était conde[...]
par l'eau d'une rivière qui passait au-dessus. Outre ce goudron, on obtient enc[...]
de l'ammoniac, qui est employé à la fabrication du muriate d'ammoniac. Le ré[...]
offre après cela une houille qui brûle sans fumée ni odeur, et c'est le coak[...]
Anglais, ou charbon de terre épuré ou dessoufré des Français.

ce métal n'eût jamais eu d'autres usages, s'il ne se fût teint de leur sang et n'eût servi leurs fureurs.

En passant par des milliers de mains, le fer se plie à toutes les formes e à tous les caprices de l'ouvrier.

L'or, l'argent, outre leurs usages comme objets de luxe, viennent entretenir le commerce, établir une communication entre tous les peuples; et, malgré ces avantages, si l'on fait observer que ces signes représentatifs ont été la cause de crimes atroces et de la perte de milliers d'hommes, on devra s'en prendre, non à ces métaux, mais au mauvais usage que l'homme en a fait.

Le plomb, lancé par des bouches tonnantes, abat également et l'oiseau timide, et l'homme orgueilleux ; il sert également aux amusemens et aux crimes.

La pierre précieuse, entre les mains du lapidaire, emprunte un éclat qu'elle joint au sien, et la beauté l'emploie à relever ses charmes.

Le marbre, sous le ciseau du statuaire, fait survivre les grands hommes à eux-mêmes, et transmet aux siècles futurs des modèles de courage, des modèles de vertu. Dans les appartemens de l'homme opulent, il prend les formes les plus agréables pour soutenir un lambris doré ou orner un parquet somptueux ; enfin chez tous les peuples il décore les temples de la Divinité, et semble relever la grandeur de l'Etre qu'on y révère.

Par ce tableau de l'utilité de la Minéralogie, tableau que je n'ai esquissé que faiblement, on peut voir combien cette étude est intéressante. Mais ce qui doit encore engager à s'y livrer, c'est la facilité que l'on a de pouvoir rassembler une collection de minéraux, qui sont à l'abri du chaud, de l'humidité, de l'insecte rongeur, qui détruisent également le quadrupède et l'oiseau que l'on ne s'est procurés qu'à grands frais. Si l'on parcourt soi-même les forêts, les campagnes, on est obligé de les surprendre avec adresse, ou de les attaquer avec courage ; tandis que le seul marteau dont on est armé peut rendre paisible possesseur d'un échantillon rare et précieux, qui sera à l'abri de tous les inconvéniens dont nous avons parlé.

Ce qui facilite son étude.

Le nombre et la diversité des minéraux étant considérables, il a fallu avoir recours à des lignes de démarcation pour que l'on ne se perdît pas dans cette espèce de labyrinthe : les méthodes sont le fil qui y conduit. Sans elles la Minéralogie serait un chaos dans lequel l'esprit se

Des méthodes.

perdrait et là mémoire se fatiguerait inutilement. C'est donc pour [
à ces inconvéniens, que les minéralogistes ont établi les méthode‹

Elles peuvent être ou naturelles, ou artificielles. Une méthode
turelle serait la plus convenable et celle à préférer, puisqu'elle
senterait une gradation non interrompue : mais jusqu'à présent‹
n'a pu être établie. Il est vrai que, comme l'a déjà fait Lamett
on pourrait en suivre une ; mais les lacunes qui s'offriraient à
momens, n'en feraient qu'une méthode imparfaite. Cette imperfe‹
pourrait être rejetée sur les objets qui sont inconnus et qui remplira
ces lacunes ; mais on doit supposer qu'ils ne suffiraient pas, s'il er
encore beaucoup ; et, malgré que Linnée ait dit *natura saltum*
facit, il est à croire que jamais on ne parviendra à former un d
parfaitement naturel.

Ne pouvant donc établir une telle méthode, on a eu recours
classifications artificielles, lesquelles se divisent en trois classes.
premières sont fondées sur la connaissance des caractères extéri
des corps ; les secondes, sur celle de leurs principes constituans
les troisièmes, qui sont mixtes, emploient également les caractères
térieurs et les caractères chimiques, ou ceux pris de la connaiss
des principes constituans.

Dans la première classe de ces méthodes artificielles, se trou
rangées celles de Bromel, Cramer, Henckel, Woltersdorff, Gel
Cartheuser, Justi, Lehman, Vogel, Valmont de Bomare, Scop
Werner, Vallerius, Linneus, Romé de Lisle, Daubenton, Str
Tous ces systèmes de classification, fondés sur les caractères appar
ont des inconvéniens sans nombre : souvent un métal d'une fe
cristalline est classé parmi les substances pierreuses, sur-tout s'il
d'un certain degré de transparence ; s'il se présente sous une fe
pulvérulente, il est porté parmi les terres. Des sels neutres se t
vent souvent avec les pierres ; les sulfates des différens métaux
placés avec les sels. Dans Scopoli, je vois la chaux carbonatée fe
rangée parmi les bitumes. Enfin on ne finirait pas, si l'on vo
relever toutes les erreurs qu'a entraînées la classification d'après
caractères extérieurs.

Dans la seconde classe des méthodes artificielles, fondées sur la
naissance des principes constituans, on trouve celles de Cronsted‹
Borne, Monnet, Fourcroy, Bergmann, Sage, Chaptal, Kirwan.

méthodes, qui ont été adoptées par les chimistes, ont l'avantage de donner la composition intime des substances et d'en faciliter la classification. On n'aura plus l'inconvénient de réunir dans un même genre, des substances dont les principes seront absolument dissemblables. Mais ces méthodes ne pouvant être suivies que par des chimistes, on a été obligé d'établir un système de classification mixte, qui forme la troisième classe des méthodes : on y trouve réunis les caractères pris d'après l'extérieur, et ceux pris d'après les secours de la chimie.

Mongez le jeune, dans ses commentaires sur Bergmann, s'était servi d'une méthode mixte, et Haüy, dans sa Minéralogie, vient de l'employer et de la perfectionner.

C'est cette dernière méthode qui a été suivie dans cet ouvrage, à cela près de très-peu de changemens et de l'addition d'objets découverts depuis la publication de l'ouvrage du savant Haüy. Il sera divisé en Terminologie et en Tableau synoptique. *Plan de cet ouvrage.*

Le Tableau synoptique contiendra la suite des minéraux connus; ils y seront rangés par classes, ordres, genres, espèces (1), variétés, sous-variétés, et quelquefois variétés de sous-variétés. On aura, pour ainsi dire, un tableau analytique, au moyen duquel on pourra parvenir à déterminer une substance minérale avec le secours des caractères, des classes, des genres et des espèces que l'on donne, et qui se divisent en caractères physiques, chimiques et géométriques.

La Terminologie renfermera la définition de tous les termes employés dans le Tableau synoptique. On pourra peut-être trouver étrange qu'on y ait introduit des objets appartenans à la physique et à la chimie; mais on doit considérer qu'elle n'a été faite que pour ceux qui n'ont aucune notion de ces deux sciences, et qui, malgré cela, étudient la Minéralogie. Je suppose un élève qui ouvre la première page du Tableau synoptique; il verra *pesanteur spécifique;* s'il n'entend point ce terme, il aura recours au Dictionnaire; il en trouvera la définition, ainsi que la manière dont on peut s'assurer de la pesanteur spécifique d'un corps. Il verra encore un caractère chimique ; si c'est un minéral soumis aux acides, la Terminologie lui apprendra ce qu'on entend par acide;

---

(1) On a préféré le mot espèce à celui de *sorte,* quoiqu'il ait été adopté par Daubenton, qui pensait que dans les minéraux il n'y avait point d'espèces.

s'il est parlé d'un caractère qui se reconnaît par le moyen du ch[
meau , l'article *chalumeau* lui donnera la description de l'instrum[
la manière dont on doit s'en servir , etc. Quant aux caractères [
métriques , ils sont plus difficiles à être mis en usage , et , si l'on[
les emploie point , ce sera un moyen de moins pour s'assurer de[
recherches , mais qui ne pourra empêcher qu'on ne parvienne à dé[
miner un objet que l'on soumet à l'analyse. Si l'on veut être cer[
que la substance qu'on cherche à connaître est un *quartz*, le ch[
meau apprendra s'il est fusible ou infusible ; le briquet, s'il scint[
le frottement de deux morceaux , s'il est phosphorescent. Enfin , a[
tout observé , on se déterminera d'après les résultats qu'on aura[
tenus ; mais , si on y joint la recherche des caractères pris de la pesan[
spécifique et de la forme primitive, on pourra avoir une donnée plus exa[

Le Tableau méthodique des minéraux de Daubenton a fait voir l'[
portance d'une division synoptique , et neuf éditions de l'ouvrage[
ce savant, dans l'espace de peu d'années , ont assuré la réputation[
l'auteur et l'utilité de l'ouvrage , qui , malgré cela , a vieilli , non[
le nombre des années , mais par la rapidité avec laquelle on a ac[
de nouvelles connaissances dans la science des minéraux , et pa[
nombre des objets qui ont été découverts depuis les dernières édit[
de l'ouvrage de Daubenton. (1)

C'est donc pour suppléer à ce Tableau , que j'ose offrir mon trav[
qui doit presque tout au célèbre Haüy. Puisse-t-il se frayer une r[
à l'ombre de ce nom illustre dans les sciences ! Je n'ai pas l'ambit[
d'être mis en parallèle avec Daubenton ; mais , comme lui, je tâche[
me rendre utile.

L'élève ne ressentira pas seul que ce Tableau lui est nécessaire. C[
qui , ayant recueilli une collection de minéraux, voudra établir[
ordre , pourra aussi s'en servir utilement.

Je ne doute point que la méthode d'Haüy, suivie dans ce Tabl[
synoptique , ne soit généralement adoptée , et , si elle ne l'est pas , [

---

(1) Cet ouvrage , trop connu pour en parler plus amplement, est le premier[
ait débrouillé la Minéralogie française. On commençait à y voir cette clarté[
répandue celle d'Haüy, et l'on peut dire que c'est à cet ouvrage que l'on doit[
progrès de la science dans ces derniers temps.

doit l'être, réunissant en même temps la clarté, la facilité et la régularité. Le seul reproche qu'on peut lui faire ne regarde que la nomenclature , qui est très-longue pour certaines substances. Ce que Daubenton appelait *calcédoine bleuâtre* , Haüy l'appellera *quartz agate
calcédoine bleuâtre* ; et , si elle offre quelques autres accidens, il
faudra ajouter une dernière dénomination à cette longue phrase. La
chaux carbonatée présente le même inconvénient. Si un de nos grands
maîtres établissait une nomenclature plus concise, et que l'on pût dire
quartz agate , etc., en un seul mot, comme on dit *émeraude*, je ne
doute pas qu'elle ne fût reçue avec plaisir ; car un mot simple a toujours
l'avantage sur un composé, lorsqu'il exprime la même chose : le premier
peut devenir familier, tandis que l'autre rebute par sa longueur.

TERMINOLOGIE.

A

ACIDES', dérivé d'ἀκίς, pointe. Les acides sont la combinaison d'une base acidifiable, avec l'oxigène. La meilleure définition et la plus courte qu'on puisse donner est celle de Newton : un acide est *ce qui attire for-tement et est fortement attiré*. C'est à cette vertu attractive qu'ils doivent les différentes propriétés dont ils jouissent, et qui, prises séparément, ne nous indiqueraient pas la présence d'un acide. Ils ont une saveur aigre et piquante, et par ce moyen exer-cent une action vive sur l'organe du goût, auquel ils causent quelque altération. Ils changent en rouge les couleurs bleues vé-gétales. Ce caractére n'est pas essentiel-lement distinctif : car l'acide acéteux ne rougit pas le papier bleu qui enveloppe le sucre ; l'indigo n'est point attaqué par l'acide sulfurique, même concentré. La tein-ture bleue de tournesol rougit, lorsqu'on verse un acide dessus. Ce phénomène doit être attribué à l'attraction que les acides ont pour le principe colorant ; il existe bien toujours, mais différemment modifié, *tout composé acquérant des propriétés nouvel-les*. Ce qui prouve que ce principe colorant existe toujours, c'est que cette couleur bleue changée en rouge par l'eau chargée du gaz acide carbonique, revient bleue, dès que cet acide, volatil par lui-même, s'est échappé. Si, dans une teinture bleue changée en rouge par un acide, on ajoute un alcali, alors l'acide s'unit à l'alcali, forme un sel particulier, et la couleur de la teinture redevient bleue. On ne doit pas regarder l'effervescence comme un caractére infaillible ; car l'acide carbo-nique et ceux qui ont très-peu d'activité, s'unissent aux alcalis sans effervescence ; ils s'unissent aussi aux terres alcalines avec beau-coup de tranquillité.

Lorsqu'on veut se servir des acides pour éprouver un minéral, on peut n'employer que l'acide nitrique, et l'acide sulfurique. On se contente quelquefois de poser de l'acide sur le morceau ; mais on doit plu-tôt mettre de la poussière bien fine de ces mêmes minéraux dans quelques gouttes d'aci-de ; car alors on voit si la substance est effervescente et dissoluble en entier. Enfin on doit considérer ce qui se passe dans cette action, si l'acide est coloré, s'il s'est formé une gelée, etc.

On compte quarante acides différens dans les trois grandes divisions des corps de la nature ; mais nous ne nous arréterons qu'à ceux dont il est question dans cet ouvrage, ou comme servant à éprouver les caractères des minéraux, ou comme se trouvant com-binés avec eux.

ACIDE ARSENIC. C'est de l'arsenic sur-chargé d'oxigène. On l'obtient en mettant six parties d'acide nitrique sur une d'oxide d'arsenic ; il enlève l'oxigène de cet acide qui s'élève sous forme de gaz nitreux. On retrouve l'acide arsenic au fond de la cornue, qui est une espèce de ballon terminé par un cou courbé, et dans laquelle on a fait cette opération. Cet acide y est à l'état concret ; il attire fortement l'humidité de l'air, si on l'y laisse exposé, et il suffit de deux parties d'eau pour le rendre liquide, ce qui l'affaiblit extrèmement.

ACIDE BORACIQUE. On ne connaît point la base de cet acide ; on le retire de la soude boratée ou borax. Quand on veut l'obtenir, on fait dissoudre le borax à l'eau bouillante ; on verse de l'acide sulfurique dessus ; il s'unit à la soude et laisse précipiter le borax sous forme de paillettes blanches un peu luisantes.

ACIDE CARBONIQUE. C'est à la combinaison du charbon pur, ou charbon avec l'oxigène, qu'est dû l'acide carbonique. On l'avait appelé air fixe ou méphitique. On le trouve dans certaines cavernes ; la fermentation vineuse en fournit beaucoup, et les carbonates le laissent échapper facilement, lorsqu'on leur présente un acide pour lequel leur base a plus d'attraction. On l'obtient toujours sous forme gazeuse ; il est alors plus pesant que l'air atmosphérique ; il éteint les corps combustibles en incandescence, tue les animaux qui le respirent, précipite l'eau de chaux, donne un goût acidulé à l'eau qui en est imprégnée, et qui alors rougit les teintures bleues de violette et de mauve.

ACIDE CHROMIQUE. Cet acide, dont la base est le chrome uni à l'oxigène, se retire du chromat de plomb ou plomb rouge de Sibérie. On fait bouillir le métal dans l'eau, après l'avoir pulvérisé et uni à deux parties de potasse carbonatée. L'acide carbonique avec le plomb forme un précipité, et l'acide chromique s'unit à l'alcali. On verse de l'acide sulfurique sur cette combinaison ; alors l'acide sulfurique s'unit

à la potasse, et on trouve un précipité en aiguilles rouges qui sont solubles dans l'eau, ont une saveur piquante : c'est l'acide chromique.

ACIDE COLOMBIQUE. C'est un acide que l'on obtient du nouveau métal appelé colombium. Son existence n'est pas entièrement acertenée ; mais ses propriétés le rangent dans la classe des acides, si le colombium est un métal particulier, comme on doit le penser d'après les travaux de plusieurs chimistes.

ACIDE FLUORIQUE. On retire cet acide du fluate de chaux, en versant trois parties d'acide sulfurique sur une de chaux fluatée dans une cornue de plomb, parce qu'il a la propriété de corroder le verre. Etablissant l'appareil sur un bain de sable, le faisant chauffer, on obtient alors le gaz acide fluorique, que l'on a liquide en remplissant à moitié d'eau la suite des flacons qui communiquent à la cloche, qui reçoit le gaz par des tuyaux qui partent de la cornue : c'est l'appareil de Woulf. La base de cet acide est inconnue ; il éteint les bougies allumées, tue les animaux, ronge le tissu des organes, dissout le verre, produit une odeur approchant de celle de l'acide muriatique.

ACIDE MELLITIQUE. Cet acide se retire d'une substance combustible, appelée mellite ou pierre de miel. Sa base est le carbone et l'hydrogène. On l'obtient à-peu-près de la même manière que l'acide succinique.

ACIDE MOLYBDIQUE. Le molybdène est un métal qui s'unit à l'oxigène pour former un acide. On l'obtient en distillant plusieurs fois trois parties d'acide nitrique sur une de sulfure de molybdène, combinaison la plus ordinaire de ce métal. L'oxigène de l'acide nitrique s'unit au soufre, forme de l'acide sulfurique ; une autre partie de l'oxigène de cet acide s'unit au molybdène, qui se trouve alors au fond de la cornue à l'état d'acide, sous forme de poussière blanche, qui est très-peu soluble.

ACIDE MURIATIQUE. La base de cet acide est inconnue; le plus ordinairement, on le retire de la soude muriatée, ou sel de cuisine, qui est une combinaison de la soude avec cet acide muriatique. Après avoir séché et pulvérisé du muriate de soude, on en met dans une cornue, et on verse dessus moitié son poids d'acide sulfurique. La cornue est placée sur un bain de sable et chauffée. Cet acide s'unit à la soude, et l'acide muriatique s'échappe à l'état de gaz, et va se condenser dans la suite des flacons de l'appareil de Woulf. Comme quelques-uns des précédens acides, à l'état de gaz, il fait périr les animaux, il répand une odeur pénétrante; mais il en diffère par la rapidité avec laquelle il s'unit à l'eau, sur-tout lorsqu'elle est froide; il fond la glace comme un brasier pourrait le faire; au contact de l'air, il en absorbe l'humidité, et paraît sous la forme d'une fumée blanche.

ACIDE NITRIQUE, ou EAU FORTE. L'azot saturé d'oxigène donne cet acide; mais, comme il est toujours combiné, on est obligé de décomposer les substances avec lesquelles il est uni. On peut prendre le nitrate de potasse, c'est cet acide uni à la potasse, et employer le moyen indiqué pour se procurer le précédent. Cet acide est transparent, répand a l'air des vapeurs blanches, brûle les substances animales et végétales, en leur donnant une couleur jaune. En perdant de son oxigène, il devient rutilant, et n'est plus que de l'acide nitreux.

ACIDE PHOSPHORIQUE. La base de cet acide est le phosphore, substance qu'on retire des substances animales et végétales.

Il a la propriété de s'enflammer au contact de l'air. Si on le fait brûler sous une cloche avec du gaz oxigène, il y a une production étonnante de lumière, et, après la combustion, la cloche est remplie de flocons blancs qui sont l'acide phosphorique : ils attirent fortement l'humidité. Cet acide est sans odeur et est très-fixe.

ACIDE SCHÉELIQUE, ou TUUSTIQUE. On le retire de la combinaison appelée schéelate de chaux ou tuustate. Cet acide concret est insoluble dans l'eau; il n'a point de saveur sensible. Vauquelin pense, sans cependant l'assurer, que ce n'est qu'un oxide.

ACIDE SUCCINIQUE. Pour obtenir cet acide, dont la base est la même que celle de l'acide mellitique, il suffit de distiller dans une cornue le succin, karabé ou ambre jaune. D'abord il sort une liqueur insipide, il en vient une acide après; un sel concret s'attache aux parois du cou de la cornue, et enfin une huile épaisse. Le sel concret est l'acide succinique, que l'on purifie, en le faisant dissoudre et cristalliser plusieurs fois.

ACIDE SULFURIQUE. Cet acide est du soufre saturé d'oxigène. Il y a plusieurs manières de l'obtenir; mais la plus simple est de faire brûler du soufre avec activité au contact de l'air : il en absorbe l'oxigène et devient acide sulfurique. Si la combustion était lente, on n'aurait que de l'acide sulfureux. C'est pourquoi, afin de la rendre plus active, on peut l'alimenter avec un jet de gaz oxigène. Cet acide est alors un liquide un peu oléagineux, sans couleur, ayant peu d'odeur, caustique, détruisant les couleurs végétales et animales; à quelques degrés au-dessous de la glace fondante, il devient concret. Il attire fortement l'humidité de l'air et s'affaiblit. L'eau dans laquelle on en verse, s'échauffe considérablement.

ACUTANGLE, angle aigu. Cette dénomination a rapport à une variété de chaux carbonatée en prisme hexaèdre, dont les angles solides sont interceptés par des facettes triangulaires tres-aiguës.

ADDITIF, ajouté. C'est lorsque l'exposant relatif au décroissement surpasse d'une unité la somme des indiquans.

AEROHYDRE, de ἀηρ et de ὑδωρ, contenant de l'air ou de l'eau. On appelle corps aërohydre celui qui contient dans une cavité de l'air et de l'eau, comme on le voit dans quelques quartz et calcédoines.

AGUSTINE, de α et de *gustus*. C'est une terre dont l'existence n'est pas établie. Elle a été découverte par Tromsdorff dans un minéral qui a beaucoup de ressemblance avec le béril, et qui se trouve près de Georgienstadt. Elle ressemble assez à l'alumine, ne retient que faiblement l'acide carbonique, est plus soluble dans les alcalis que dans les carbonates, durcit au feu, mais reste sans saveur ; est insoluble dans l'eau, et forme, avec ces acides, des seis insipides. Ce qui lui a fait donner le nom d'agustine.

ALBATRE, du grec αλαβαστον, de α et λαμβανεω, imprenable ; parce que les vases faits de cette substance étaient minces et fragiles. Le vulgaire est persuadé que tout ce qui est blanc est albâtre, d'où est venu cet adage : *blanc comme de l'albâtre*. Mais ce qu'il appelle albâtre, n'est qu'un marbre blanc ou une chaux sulfatée ; au lieu que l'albâtre des naturalistes est une pierre presque demi-transparente, ondulée et rarement blanche, ayant ordinairement un aspect jaunâtre. Tel est le bel albâtre oriental.

ALCALI, de l'arabe *al* et *kali*, sel. La meilleure définition que l'on pourrait donner des alcalis serait insuffisante pour les faire reconnaître ; c'est donc par leurs propriétés qu'on peut s'en faire une idée. Ils ont une saveur âcre et caustique, verdissent le sirop de violette et de mauve, s'unissent facilement aux acides, agissent sur les organes des animaux avec plus d'activité que les terres alcalines. Fourcroy, dans son Système des Connaissances chimiques, a regardé la baryte et la stroutiane comme des alcalis, quoiqu'on les eût toujours regardées comme des terres. On appelle la baryte, la stroutiane, la soude, la potasse, alcalis fixes, quoiqu'ils soient volatils à une forte chaleur ; mais c'est comparativement avec l'ammoniac ou alcali volatil, qui, à une simple chaleur, passe à l'état de gaz.

ALTERNE. Un cristal est alterne, lorsqu'à l'une de ses parties, soit supérieure ou inférieure, il a des faces qui correspondent entr'elles en alternant de part et d'autre.

ALUMINE, privé de lumière. C'est une terre blanche, douce au toucher, qui happe fortement à la langue, qui se dissout dans la potasse et s'unit aux acides. Elle est infusible à la plus forte chaleur ; mais alors elle a acquis un degré de dureté qui la rend susceptible d'étinceler sous le briquet. On ne trouve point cette terre pure dans la nature ; mais on la trouve dans l'argile et l'alumine sulfatée ; on la retire de cette dernière, en versant dans sa dissolution une dissolution de potasse : l'acide sulfurique s'empare de l'alcali, et l'alumine reste libre et se précipite. Pour l'avoir pure, on la lave à plusieurs reprises.

ALUMINIFÈRE, combiné avec l'alumine. Ce sont les substances unies ou combinées avec l'alumine.

AMÉTHISTE, αμεθιστος, de α μετο, non ivre. Les amis du merveilleux qui virent ce nom, crurent que la pierre qui le portait empêchait l'ivresse : de-là cette erreur s'était perpétuée ; mais elle n'a reçu ce nom que de sa couleur, qui n'est ni trop foncée, ni trop claire, faisant peut-être allusion par-là à quelqu'un qui a pris du vin, mais pas assez pour l'incommoder.

AMIANTHE, αμιαντης, de α μιοντο, inaltérable au feu. Cette pierre a reçu ce nom de la propriété qu'elle a de résister à l'action du feu, même lorsqu'elle est divisée en fibres très-ténues, et dont la flexibilité ne le cède point à celle de la soie. Dans cet état, filée avec un peu de coton, on en fait un fil qui peut servir à former des toiles qui sont incombustibles. Asbeste signifie aussi incombustible, et est la même chose que l'amianthe.

AMMONIAC, de αμμος, sable, parce qu'il se trouvait dans les sables de la Libye, près le temple de Jupiter-Ammon. On retire cet alcali des matières animales, ainsi que de sa combinaison avec l'acide muriatique. Il est produit par la réunion ou pénétration des parties de l'hydrogène et de l'azot. Pour se procurer cet alcali pur, on décompose le muriate ammoniacal avec la baryte, la chaux, la potasse, etc.; on met dans une cornue de grès une partie de ce sel avec deux parties d'une des substances précédentes; on chauffe ce mélange; l'acide muriatique s'unit à l'autre corps, tandis que l'ammoniac se dégage et s'unit à l'eau des flacons de l'appareil de Woulf. Cet alcali répand une odeur vive et suffocante; corrode le tissu des organes; étant très-volatil, il s'élève à l'état de gaz: alors il éteint les corps enflammés, tue les animaux, s'empare de l'eau avec promptitude, et fond la glace très-rapidement.

AMORPHE, de α et μορφα, sans forme. « Les substances amorphes sont celles qui » offrent comme le dernier degré de la » cristallisation confuse, et dont la forme » vague et indéfinissable est comme muette » à l'œil de l'observateur. »

AMPHIHÉXAÈDRE, hexaèdre à deux sens. C'est un cristal qui a deux contours hexaèdres, dont les faces de chacun ont des directions différentes.

ANALCIME. C'est ainsi qu'on appelle une substance terreuse dont on ne peut tirer qu'une faible sensation d'électricité au moyen du frottement: de-là le nom d'analcime, corps sans vigueur.

ANALOGIQUE. C'est un cristal qui présente plusieurs analogies qui le font distinguer.

ANAMORPHIQUE, forme renversée. Un cristal est anamorphique, quand on ne peut lui donner la position la plus naturelle, sans renverser celle de son noyau.

ANATASE, étendue en hauteur. Substance terreuse, appelée ainsi, parce que la forme de son cristal primitif, qui est un octaèdre, est très-alongée.

ANNULAIRE, en anneau. Dénomination appartenante à tout prisme hexaèdre qui a de petites facettes marginales disposées en anneaux autour de ses bases.

ANTIENNEAÈDRE, à neuf faces de deux côtés opposés. C'est un cristal à douze pans, qui, à chacun de ses sommets, présente neuf faces.

ANTIMONIFÈRE. C'est l'union de l'antimoine avec une autre substance.

APOPHANE, de απὸ et φαίνο, manifeste. Lorsque quelques facettes ou arêtes d'un cristal offrent des indications pour reconnaître la position de son noyau, qui, sans cela, embarrasserait, alors il est apophane.

ARSENIATE. C'est la combinaison de l'acide arsenique avec un corps auquel il est susceptible de s'unir.

ASCENDANT, montant. C'est un cristal dont les lois de décroissance ont une marche ascendante, en partant des angles ou des bords inférieurs d'un noyau rhomboïdal.

ASTÉRIE, de αστήρ, étoile. Une astérie dans les minéraux est la réunion de plus de deux cristaux , qui se croisent et qui forment une étoile.

ATTRACTION. L'attraction, ou affinité, est une force qui porte un corps à se réunir à l'un plutôt qu'à l'autre , ou qui fait que des molécules de même espèce , répandues dans un fluide, se rapprochent les unes des autres par la cristallisation déterminée par cette force d'attraction.

AZOT. Ce gaz , qui tue les animaux , est cependant une partie constituante de l'atmosphère ; il forme la base de plusieurs substances. Chaptal l'avait nommé nitrogène , parce qu'il forme l'acide nitrique combiné avec l'oxigène. Il est composé de calorique, qui le tient à l'état de gaz , et d'azot, qui est une substance simple. On l'obtient en mettant un acide sur la chair musculaire des animaux. Les vessies natatoires des poissons, d'après l'observation de Fourcroy, en sont remplies. L'azot est impropre à la combustion et à la respiration ; mais il y a une exception pour les insectes qui y vivent fort bien ; ce qui vient de la différence de leur conformation dans l'organe de la respiration ; et comme ce gaz n'a ni odeur, ni saveur sensible , cela ne doit pas étonner; car on les voit mourir au contraire dans les gaz qui suffoquent , tels que le gaz acide, muriatique, oxigène.

B

BACILLAIRE , en baguette. On appelle ainsi tous les corps minéralogiques qui se trouvent en prisme très-alongé , en cylindre anguleux unis ou chargés de cannelures.

BARYTE , Βαρος , pesant. C'est une substance alcalino - terreuse , qui ne se trouve jamais pure dans la nature , mais combinée avec le gaz acide carbonique et l'acide sulfurique. Dégagée de son état de combinaison et purifiée , elle est grise ou verdâtre ; sa saveur est âcre et brûlante ; prise intérieurement , elle agit sur les viscères et devient un poison. Elle est soluble dans l'eau bouillante , et même dans l'eau froide; sa dissolution verdit le sirop de violette, et finit par en détruire la couleur. Cette terre attire fortement l'humidité de l'air et l'acide carbonique ; elle s'éteint comme la chaux, mais avec plus de vivacité. On obtient facilement cette terre alcaline , en faisant calciner le carbonate de baryte ; mais étant plus rare que le sulfate de baryte , on est obligé d'employer ce dernier. Voici le procédé pour l'extraire : on met dans un creuset, que l'on fait chauffer plusieurs heures au rouge , huit parties de sulfate de baryte en poudre et une de charbon ; le tout bien mêlé. Il en résulte un sulfure que l'on dissout dans l'eau ; l'acide nitrique qu'on verse par-dessus précipite le soufre. Il reste du nitrate de baryte qu'on chauffe fortement dans une cornue ; l'acide s'échappe à l'état de gaz , et laisse la baryte qui est dans son plus grand état de pureté.

BASE. Ce sont des cristaux, dont la forme primitive étant un rhomboïdal ou un assemblage de deux pyramides , ont leurs sommets interceptés par des faces perpendiculaires à l'axe , et faisant la fonction de base.

BIBINAIRE , deux fois binaire. *Voyez* BINAIRE.

BIBISALTERNE. Les cristaux qui , étant bisalternes , ou deux ordres de facettes bisalternes, portent cette dénomination.

BIFÈRE , qui porte deux fois. C'est un cristal qui subit deux décroissemens à chaque arête et à chaque angle saillant.

BIFORME. C'est un cristal qui en renferme deux espèces.

BIGÉMINÉ, deux fois assorti. C'est une forme de cristal qui en présente de quatre espèces différentes, qui, prises séparément deux à deux, sont de la même espèce.

BINAIRE. C'est un cristal qui subit un décroissement par deux rangées.

BINOTERNAIRE. C'est lorsqu'il y a dans un cristal deux décroissemens, l'un par deux rangées et l'autre par trois.

BIPYRAMIDAL. Cristal dont les deux pyramides sont unies par la base, sans prisme intermédiaire.

BIRHOMBOIDAL. Un cristal est birhomboïdal, lorsqu'il est composé de douze faces, qui, étant prises six à six, formeraient, en s'entrecoupant, deux rhomboïdes différens, si on les prolongeait par la pensée.

BISALTERNE. Un cristal est bisalterne, lorsque l'alternative simple a lieu entre les faces d'une même partie comme entre celles de deux parties.

BISÉPOINTÉ. C'est le nom d'un cristal dont tous les angles de la forme primitive sont interceptés par deux facettes.

BISONDÉCIMAL. Deux fois ondécimal. *Voyez* ONDÉCIMAL.

BISUNITAIRE. Cristal qui a subi deux décroissemens par une rangée.

BITERNAIRE. Cristal qui a subi deux décroissemens par deux rangées.

BITUMINIFÈRE. On appelle ainsi les substances qui sont combinées avec du bitume, ou qui en tiennent d'interposé.

BORDÉ. Cristal dont tous les angles solides et les arêtes sont interceptés par une ou deux facete .

BOTRIOIDE. On donne ce nom aux substances qui figurent des grappes de raisins.

BRILLANT, ou ÉCLAT. On applique plus particulièrement le premier mot aux métaux, et le second aux autres substances minéralogiques qui réfractent la lumière. On distingue quelquefois l'éclat externe de l'interne, dans la même substance, lorsqu'elle affecte une forme déterminée et que sa cassure présente un autre brillant que sa surface naturelle. Le brillant ou éclat est une propriété de certains corps en vertu de laquelle ils réfléchissent les rayons de la lumière : plus les corps sont denses, et plus ils renvoient de lumière ; ceux au contraire dont les molécules sont plus écartées, ou qui, par leur couleur noire ou leur défaut de poli, ne peuvent pas réfléchir les rayons de la lumière, n'affectent point de brillant.

BRILLANT, ou ÉCLAT MÉTALLIQUE. C'est celui qui appartient à la plupart des substances métalliques. Il se distingue facilement du faux brillant métallique, en ce que la lime ne le détruit pas comme elle fait celui qui n'est qu'apparent, qui devient terne et poudreux, lorsqu'on l'éprouve par le même moyen : tel le mica.

C

CALAMINE, dérivé du grec καδμεια, ou *Cadmus*, parce que l'on lui attribue la découverte du cuivre jaune, qui se fait en soumettant cet oxide de zinc natif à la sublimation, et en exposant au-dessus, des lames de cuivre rouge, qui devenant jaunes, forment le laiton.

CALCIFÈRE. Toute substance unie à la chaux, ce qui se connaît à l'effervescence.

CALORIQUE. C'est un fluide dont l'existence n'est pas prouvée, qui produit sur nos organes la sensation que nous nommons chaleur, qui tend à écarter les molécules des corps, lorsqu'il les pénètre, et qui permet à ces mêmes molécules de se rapprocher, lorsqu'il les a abandonnés. On le considère comme combiné, ou comme interposé. Comme combiné, il fait, pour ainsi dire, partie constituante des corps, puisqu'il est impossible de les en priver, n'ayant point de moyens pour produire un froid absolu. Comme interposé, c'est celui qui communique l'atmosphère ou une chaleur artificielle, mais dont on peut priver le corps qui le contient, en baissant sa température au-dessous de la glace fondante.

CAPILLAIRE, en forme de cheveux. C'est lorsque des substances sont en filets longs et déliés, détachés et isolés ou distincts, mais réunis en masses.

CARBONE. Lorsque le charbon ordinaire est privé des terres et des sels qu'il contient, aussitôt qu'il a été formé par la combustion d'un corps, alors c'est du carbone pur ; on le considère comme formant entièrement le diamant, qu'on regarde comme du carbone concret. Le carbone est une substance simple combustible qui se trouve en abondance dans les végétaux. C'est un corps noir, solide, friable, formant le gaz acide carbonique par sa combustion avec l'oxigène.

CARBONATE. Les carbonates sont des sels dus à la combinaison de l'acide carbonique avec un métal, un alcali ou une terre. Ils font effervescence avec les acides même les plus faibles, qui forment avec leur base un autre composé ; si on emploie de l'acide sulfurique, il reste un sulfate de chaux, de magnésie, etc.

CARBURE. C'est la combinaison du carbone avec une substance pour laquelle il

a de l'affinité ; ces combinaisons sont rares. La plombagine est un fer carburé.

CASSURE. Dans les minéraux, c'est l'état d'un corps dont on a enlevé certaines portions par une rupture faite avec un marteau ou tout autre instrument non tranchant ; ce qu'on ne doit pas confondre avec la structure, autre état d'un corps, mais qui est préexistant à la cassure, qui n'est qu'un état passif. Si, après la cassure, on ne peut distinguer aucunes parties séparément, parce qu'elles sont unies immédiatement, c'est une cassure *compacte* ; elle est *grenue*, lorsqu'elle est formée par de petits points ronds et très - rapprochés ; elle est *conchoïde*, lorsque la surface est tantôt élevée, tantôt abaissée, et qu'elle figure la cavité et les convexités d'une coquille bivalve ; elle est *écailleuse*, lorsque les éminences et cavités dont on vient de parler sont très - rapprochées ; elle est *vitreuse*, lorsqu'elle est lisse, polie et ondulée ; elle est *spathique*, lorsqu'elle présente un grand nombre de lames polies et chatoyantes, recouvertes les unes par les autres ; enfin elle est *matte*, lorsqu'elle ne réfléchit aucuns rayons de la lumière ; *fibreuse*, lorsqu'elle est à filets, qui peuvent être minces, épais, courts, droits, parallèles, divergens, étoilés, fasciculés.

On distingue deux manières d'être dans la cassure des cristaux : celle qui se fait dans les joints naturels, et celle qui se fait en les cassant dans une autre direction que celle de ces joints. Si je prends un cristal bien prononcé et d'une certaine longueur, de quartz ou de chaux carbonatée, que je le frappe dans son milieu d'une manière plus ou moins forte, selon la dureté du cristal, j'obtiendrai deux portions de cristal dont la cassure oblique sera assez unie. Si je les casse transversalement, je n'obtiendrai qu'une cassure qui se rapportera à celles dont il a été parlé plus haut. Il est certains cristaux dont on aperçoit les joints naturels en les présentant devant une vive lumière, et alors on peut obtenir les coupes de ces joints au moyen d'un instrument très-tranchant qu'on passe entr'eux.

CÉROIDE, ayant quelques rapports avec la cire. Dénomination appliquée aux substances qui ont l'aspect de cire, soit blanche, soit jaune.

CHABASIE. Nom tiré du grec, et que l'on a adopté pour désigner une espèce de pierre.

CHALUMEAU. Il est presque indispensable à celui qui s'occupe de l'étude de la minéralogie, de posséder cet instrument. Le plus simple, et par conséquent celui que l'on doit préférer, est un tube de verre recourbé à une de ses extrémités, dont l'ouverture, vers cette partie courbée, doit être beaucoup plus petite que celle opposée. Dans la Sciagraphie de Bergman, on voit le développement des parties composant un chalumeau qui est plus compliqué. Si l'on veut joindre dans cet instrument la solidité à la simplicité, on peut employer un tuyau de cuivre comme celui dont les orfévres se servent journellement pour souder les ouvrages d'or et d'argent. Un briquet, une bougie, une pince délicate pour saisir les plus petits fragmens ; tels sont les accessoires du chalumeau. Lorsque l'on en veut faire usage, on prend avec la pince un fragment de la substance qu'on veut examiner, ayant soin que le morceau ne soit jamais plus gros qu'un grain de coriandre ; on met la bougie entre le chalumeau et la substance, que l'on pose sur un charbon dans lequel on a pratiqué une petite cavité, ou dans une cuiller d'argent propre à cet effet, lorsque le charbon pourrait absorber la substance que l'on soumet à cette épreuve. Tout étant dans cet état, l'on commence à souffler, et l'on fait paraître un jet de flamme bleuâtre : c'est à son extrémité qu'est le plus grand degré de chaleur. On considère alors ce qui se passe dans l'opération ; on voit s'il y a décrépitation, boursouflement, liquification, bouillonnement, colorisation, dégagement de fumée, d'odeur, fusion, vitrification, inflammation. Quelques substances donnent une frite sans se fondre, ou se couvrent d'un enduit ressemblant à un vernis : d'autres se fondent en verre ; alors on examine sa dureté, sa couleur, sa transparence : quelques substances paraissent entourées d'un atmosphère lumineux : d'autres colorent la flamme qu'on dirige sur elles, d'une couleur qui ne lui est pas ordinaire : enfin il est des substances sur lesquelles la plus grande chaleur du chalumeau ne produit aucun effet. Tout doit être observé avec l'attention la plus scrupuleuse.

Lorsque la substance est infusible seule, on en ajoute une autre appelée flux, et qui est ordinairement le borax. On opère comme dans le cas précédent, et on apporte la même attention à observer ce qui se passe.

CHATOIEMENT, ou mutabilité des couleurs. Cet effet a lieu par la manière dont les différentes parties d'un corps réfléchissent la lumière. Il est interne dans les opales, superficiel dans le diamant et le feld-spath : ce dernier, au moindre changement de position, présente une lumière vacillante.

CHAUX, καιω, brûler. Cette terre est une des plus répandues ; elle existe sous différens états de combinaison, se trouve très-rarement sans union ; car Bath en Angleterre est le seul lieu où on l'ait vue pure. Il serait possible aussi de la trouver en cet état aux environs des volcans. On obtient la chaux en faisant calciner son carbonate ; l'eau et l'acide carbonique se dégagent, sont mis à l'état de gaz et s'échappent. Alors elle est en masse, d'un blanc-gris. Sa saveur est âcre, assez forte pour enflammer la peau ; elle verdit la teinture de violette, est infusible, mais se ramollit au foyer d'un verre ardent. Exposée à un certain degré de chaleur avec l'alumine, elle devient sensible. A l'air libre, la chaux attire l'humidité de l'atmosphére, se fendille et tombe en poussière ; ce qu'on appelle alors chaux éteinte.

CHLORITE, du grec χλωρος, vert. C'est le nom d'une substance ordinairement verdâtre, dont le tissu est feuilleté ou terreux et l'odeur argileuse ; on l'a réunie au talc.

COLOMBIUM, ou COLOMBIN. C'est un nouveau métal qui prend son nom du héros qui découvrit la contrée d'où le premier échantillon a été apporté. Il avait été envoyé de Massachusset à Hans-Loanne par Winthrop, et l'on présume qu'il se trouve dans des mines de fer, ayant été apporté avec plusieurs morceaux de ce dernier métal. Les travaux qui ont été faits par de célèbres chimistes, pour établir leur existence et déterminer leurs caractères, ne sont pas encore assez complets pour assurer positivement s'ils font un genre à part. Dans tous les cas ce ne pourrait être que des espèces dépendantes des genres connus.

COMBUSTION. On regarde la combustion comme l'effet de la combinaison de l'oxigène avec un corps quelconque. On distingue la combustion lente, celle qui se fait sans dégagement sensible de chaleur ni de lumière, telle est l'oxidation des métaux ; et la combustion qui a lieu, lorsqu'un corps brûle en dégageant de la lumière et donnant une forte sensation de chaleur ; telle est celle du bois.

COMPACTE. Une substance compacte est celle dont les parties sont si rapprochées qu'on n'en aperçoit pas la structure. Sous le même volume, elle a plus de pesanteur spécifique que d'autres substances moins

compactes, et qu'on examine comparativement.

CONCHOIDE. *Voyez* CASSURE.

CONCHÉTION. Cet état des minéraux dépend du rapprochement de leurs molécules, lorsqu'ils sont remaniés par un liquide. Venant à rencontrer un corps, ces molécules se sont moulées dessus, ou ont formé une masse amorphe.

CONJOINT. Se dit d'un cristal dont quelques faces devant exister, sont cependant réunies en une seule.

CONTINU. Nom d'un cristal de forme soustractive, dont les arètes terminales les plus saillantes sont interceptées par des facettes exagonales.

CONTOURNÉ. Peu de substances se présentent sous cette forme, excepté le verre de volcans en filets, et une chaux carbonatée dont les parties rhomboïdales qui la forment ont un pli à toutes leurs faces dans le sens de leur diagonale.

CONTRACTÉ, rapproché. C'est un cristal qui a des faces latérales inclinées, qui lui font par-là éprouver une sorte de contraction.

CONTRASTANT. C'est une forme de cristal rhomboïde très-aigu, dans lequel une inversion d'angle présente une espèce de contraste, en ce qu'elle se rapporte, d'une autre part, à un rhomboïde obtus.

CONVERGENT. On appelle ainsi tout cristal dont les faces, soit du prisme, soit du sommet, étant dissemblables, sont sensiblement convergentes.

CORALLOIDE, dérivé de κοράλλιον, corail. Ce nom est affecté au fiosferri ou chaux carbonatée coralloïde, parce qu'elle représente une espèce de végétation qui approche de celle du corail. On en voit de très-beaux morceaux qui se terminent en pointes aiguës ; d'autres se bifurquent, se ramifient ou s'écartent en forme de feuillage. Cette espèce de chaux joint à une blancheur éclatante un aspect et des formes qui plaisent à celui même pour qui l'histoire naturelle est indifférente. La cassure de cette chaux est soyeuse ; elle paraît formée par une suite de cônes qui s'emboîtent les uns dans les autres.

CORINDON. Cette substance tire son nom de *corundum* , mot chinois.

COULEUR. C'est par les différentes manières dont les molécules des corps renvoient la lumière, que nous avons la sensation des couleurs. Le naturaliste distingue la couleur fugitive et la couleur fixe. La première ne peut servir qu'à faire connaître les espèces, et est produite par le mélange d'une substance métallique ou d'un autre principe étranger. La couleur fixe, telle la couleur du succin, des métaux, est d'une toute autre espèce ; car la réflexion des rayons qui la produisent, se fait sur les parties propres des corps colorés ; elle dépend de leur tissu et de leur degré de ténuité : c'est alors qu'on peut l'employer comme caractère spécifique. Les couleurs principales des minéraux sont le blanc, le gris, le noir, le bleu, le vert, le jaune, le rouge, le brun, qui présentent une foule de nuances.

CRISTAL , de κρισταλλος , eau glacée, glace. Chez les Anciens , on donnait au quartz transparent le nom de cristal, qui veut dire glace ou eau congelée, et telle était l'opinion de Pline le naturaliste, qu'il pensait que le cristal de roche était de l'eau solidifiée par le froid d'une manière si forte, que le feu ne pouvait avoir d'action sur elle. Ce n'est ensuite que par extension qu'on a donné le nom de cristal à toutes les substances qui présentaient une forme régulière et symétrique ; et les cristaux colorés ont reçu aussi le même nom, de manière que l'on n'a conservé la dénomination de

cristal, que pour les substances qui se cristallisent.

CRISTALLISATION. On a été long-temps sans considérer la cristallisation comme sujette à des lois fixes , et Buffon croyait que ce n'était que de simples jeux de la nature. Mais ces jeux ou accidens ne seraient pas toujours constans , et sur-tout dans la même substance ; cependant ils le sont. Il y a donc une cause quelconque qui les force à prendre telle forme , plutôt que telle autre. C'est ce raisonnement qui engagea Romé de Lisle à suivre l'étude des cristaux pour tâcher de trouver cette loi. Il avait déjà déterminé le noyau de beaucoup de substances , et les avait soumises au calcul. Haüy, qui a travaillé après lui, a donné un degré de perfection à la cristallographie ; les formes régulières de chaque substance sont venues se ranger d'après la loi commune qu'il leur a indiquée ; enfin c'est lui qui a trouvé le nœud gordien de la cristallisation. Bergman , avant lui, avait été conduit à conclure que les cristaux sont composés d'une multitude de corps plus petits, de même forme , par un hasard heureux ; un de ses élèves laissa tomber un cristal de *chaux carbonatée métastatique* , ou *dent de cochon* , et il s'aperçut que tous les fragmens qui en étaient résultés, avaient la forme d'un rhomboïde obtus ; ce qui le mit à même de considérer la cristallisation d'une manière plus attentive qu'il ne l'avait encore fait. On peut regarder cet instant comme celui de la naissance de la cristallographie.

La cristallisation n'a pas lieu seulement pour les corps dont les parties sont réunies régulièrement, mais aussi pour ceux qui se sont formés confusément à l'aide de l'affinité qui sollicite leurs molécules suspendues dans un liquide, à se réunir. Si tout est dans un état tranquille , on a des formes régulières ; mais il résulte une cristallisation confuse, si le rapprochement des molécules se fait avec trouble.

CRUCIFORME. Substance dont les cristaux se croisent.

CUBIQUE. C'est un cristal dont les six côtés sont des plans égaux.

CUBO - DODÉCAÈDRE. Cristal renfermant la combinaison du cube et du dodécaèdre.

CUBO-ICOSAÈDRE. Cristal icosaèdre, dérivant du cube.

CUBOIDE. C'est une diminution du cube, mais qui en diffère peu.

CUBO-OCTAÈDRE. C'est un cristal cubique, dont tous les angles saillans sont interceptés par une facette.

CUIR FOSSILE, ou DE MONTAGNE. Espèce d'asbeste tressée, que l'on a comparée à du cuir.

CUNÉIFORME. Ce sont des cristaux qui, par le décroissement presque total de leurs angles, ne présentent plus qu'un sommet applati en forme de tranchant ou de coin.

CYLINDROIDE. C'est la forme des cristaux dont les angles sont supprimés par le décroissement ou par le frottement ; alors ou ils sont cylindriques, ou on aperçoit quelques portions de facettes. D'autres fois ces cristaux ont des cannelures qui remplacent les pans de facettes.

D

DÉCIDODÉCAÈDRE. Le cristal qui est composé de dix faces d'un côté et de douze de l'autre, porte ce nom.

DÉCRÉPITATION. C'est une propriété en vertu de laquelle certaines substances minérales se délitent en fragmens très-petits, si on les expose à la flamme du chalumeau.

DÉCROISSEMENT. C'est une modification que les cristaux éprouvent par la soustraction de plusieurs rangées de molécules intégrantes.

DÉFECTIF. Cristal dans lequel quatre angles solides du cube primitif sont interposés par des facettes, tandis que les angles opposés restant intacts, éprouvent par là une une espèce de défaut.

DÉLOTIQUE, qui donne des éclaircissemens. Cette dénomination est affectée à un cristal dont quelques facettes appartenant au noyau, servent de développement pour un cristal paradoxal.

DENDRITE, dérivé de Δἐνδρον, arbre. Les pierres chargées de dendrites représentent des arbres, des plantes dégarnies de feuilles ;

quelquefois elles sont formées par l'implantation de cristaux les uns sur les autres ; d'autres fois, ce ne sont que des infiltrations métalliques, qui, s'insinuant à travers les pores de la pierre, imitent des rameaux de plantes. Elles peuvent encore représenter des ruines, comme on le voit dans la pierre de Florence.

DIALLAGE, différence. Cette substance, appelée d'abord smaragdite, qui veut dire émeraude, reçut le nom de diallage, parce que les substances auxquelles on l'avait assortie, avaient deux joints naturels nets, tandis qu'elle n'en avait qu'un de bien prononcé ; ce qui fait une différence.

DIÈDRE. Cristal terminé par deux facettes.

DIDÉCAÈDRE. Cristal ayant dix pans, et terminé par un sommet trièdre.

DIDODÉCAÈDRE. Cristal à douze pans et à sommet trièdre.

DIHEXAÈDRE. Cristal à prisme hexaèdre, terminé par un sommet trièdre.

DILATÉ. Cristal dodécaèdre, dont les bases des pentagones extrêmes éprouvent, par l'inclinaison des faces latérales, une espèce de dilatation.

DIOCTAÈDRE. Prisme ou cristal octogonal, à sommet trièdre.

DIOPTASE, visible au travers. Cette substance, appelée émeraudine par Delamétherie, a reçu le nom de dioptase ; parce qu'à travers la variété cristallisable, présentée devant une lumière, on aperçoit dans l'intérieur des reflets assez vifs, qui ont aidé à faire connaître les joints naturels.

DISCRET. Substances dont les grains sont dispersés.

DISJOINT. C'est un cristal dont les décroissemens font un saut brusque, tel que de un à quatre ou à six.

DISSIMILAIRE. C'est un cristal dont les deux rangées des sommets étant l'une au-dessus de l'autre, ont un défaut de symétrie.

DISTHÈNE, qui a deux forces. Cette substance a reçu ce nom, parce qu'elle est mauvais conducteur de l'électricité. Quand elle jouit d'un certain degré de pureté, on peut, dans quelques morceaux, obtenir l'électricité résineuse, et dans d'autres, l'électricité vitreuse. Cette anomalie est assez singulière, et il est a remarquer que la production de l'électricité résineuse dans les substances minérales a lieu lorsqu'elles n'ont pas un poli vif, tandis que là c'est le contraire. On pourrait l'attribuer à un poli différent qu'ont certains morceaux, mais qui n'est pas sensible pour nous.

DITÉTRAÈDRE, deux fois tétraèdre. C'est un cristal dont le prisme est terminé par deux sommets dièdres.

DITISQUE. C'est un cristal à plusieurs pans, dont les bases sont entourées de deux rangs de facettes.

DODÉCAÈDRE. C'est un cristal dont la périphérie est composée de douze faces égales et semblables, ou dont au moins deux angles sont égaux, seulement de deux mesures d'angles différentes. Quelquefois ce cristal est implanté ; alors on substitue par la pensée celles qui manquent, ou du moins sont cachées et ou perdent dans le corps sur lequel elles sont plantées.

DOUBLANT. C'est une forme progressive dont le sommet est remplacé par trois facettes.

DODÉCONOME. Cristal sujet à douze lois de décroissement.

DUCTILITÉ. C'est une propriété qui permet aux corps soumis à la percussion ou à la pression, de s'alonger et de conserver la forme qui leur a été donnée, en vertu d'une de ces deux forces.

DURETÉ. Quoique la dureté ne soit pas un caractère rigoureusement exact, cependant étant un des plus faciles à observer, on peut s'en servir utilement. Tel corps raie telle ou telle substance, est rayé par telle autre, laisse une trace sur d'autres corps, ou est percussible entre les doigts : ce sont autant de différences à observer. Une substance se plie, tandis que l'autre se rompt ; le couteau ou la lime y font impression. Le briquet, instrument très-connu, peut indiquer aussi la dureté par la scintillation.

E

EAU. C'est un fluide regardé autrefois comme élémentaire, c'est-a-dire, comme substance simple ; mais la nouvelle chimie est parvenue à prouver par sa décomposition et par sa recomposition, qu'elle était formée de quatre-vingt-cinq parties d'oxigène et de quinze d'hydrogène. Elle entre quelquefois comme partie constituante des minéraux , et quelquefois elle n'y est que dans un état d'interposition : alors elle porte le nom d'eau de cristallisation.

ECAILLEUX , présentant des irrégularités qui se détachent par écailles. *Voyez* CASSURE.

ECLAT. *Voyez* BRILLANT.

EFFLORESCENCE. C'est une poussière qui se manifeste à la surface de plusieurs substances minérales qui entrent en décomposition. Telles sont les matières pyriteuses , lorsqu'elles se décomposent , et la plupart des substances salines , lorsqu'elles perdent leur eau de cristallisation.

ELASTICITÉ. Cette propriété est la force qui tend à faire revenir un corps dans l'état dont on l'avait retiré par la pression ou la torsion. On n'emploie ce caractère que pour les métaux qui jouissent de la ductilité.

ELECTRICITÉ. Plusieurs minéraux, offrant des signes d'électricité , et ces signes étant indiqués comme un de leurs caractères, il est nécessaire d'en donner une idée pour qu'un élève puisse en faire usage dans la détermination qu'il veut avoir d'une substance minérale.

L'électricité , qui tire son nom de l'électrum ou succin, qui le premier a offert ce phénomène, est une propriété des corps par laquelle, dans certains états, ils attirent des corps légers et les repoussent ensuite. Elle existe dans beaucoup de substances ; mais elle veut être excitée de différentes manières, par le frottement, par la communication avec un corps électrisé, et enfin , mais plus rarement, par la chaleur : ce qui n'a lieu que dans certaines substances de la classe des corps inorganiques.

Dans l'état des corps naturels, on suppose qu'il existe un fluide qui est répandu également dans tous les corps. Il est composé de deux fluides particuliers , qui , pris séparément , ne constituent point l'électricité , mais qui , réunis , forment ce fluide. On appelle l'un fluide vitreux ; il se dégage du verre par le frottement. L'autre est le fluide résineux qui se dégage , aussi par le frottement , de la soie , des bitumes , de la cire d'Espagne. On peut électriser de deux manières : en décomposant le fluide propre des corps, ou en les chargeant d'une quantité surabondante de l'un des deux fluides , par leur communication avec un autre corps électrisé.

Les molécules des deux fluides qui entrent, ou sont supposées entrer dans la composition du fluide électrique, se repoussent, et les molécules des fluides contraires s'attirent. Pour connaître la présence de ce fluide , il suffit d'avoir deux boules très-petites et très-légères , faites de moelle de sureau ou de liège , isolées par un fil de soie et suspendues à une petite distance l'une de l'autre ; alors , en frottant un bâton de cire d'Espagne qu'on présente à l'une des boules, on l'électrise. D'un autre côté, on présente à l'autre boule le corps qu'on veut essayer , après avoir excité son électricité d'une manière quelconque, soit par le frottement ou la chaleur. Si ces deux boules ainsi préparées s'attirent, on juge que le corps soumis à l'épreuve fournit l'électricité vitreuse ; si elles se repoussent, c'est un signe qui annonce la présence de l'électricité résineuse.

Il est certains corps qui , chauffés, ou mis dans l'eau bouillante, acquièrent l'électricité résineuse d'un côté, et l'électricité vitreuse de l'autre. Pour connaître et déterminer lequel de ces deux fluides se trouve à l'un ou l'autre point , on isole à un brin de soie un très-petit bâton de cire d'Espagne ; alors on voit quel est le côté qui repousse le bâton de cire , ou quel est celui qui l'attire. On doit remarquer que les substances cristallisées qui présentent ce phénomène , ont leurs sommets terminés par un nombre inégal de facettes. Telles sont toutes les tourmalines.

Quelques corps veulent être polis pour être électrisés, d'autres n'en ont pas besoin.

L'électricité par communication indique les substances qui contiennent quelques métaux. Pour en obtenir l'effet , on isole la substance sur un support de verre, et , après l'avoir fait communiquer avec un corps électrisé, on en tire des étincelles, en présentant le doigt ou un excitateur, ou bien on n'obtient que des aigrettes dans l'obscurité. Ces substances sont appelées conductrices, et les autres non-conductrices.

Quant à la théorie de l'électricité plus détaillée , on renvoie à un ouvrage de physique ; parce qu'elle ne changerait rien à la manière d'obtenir des résultats propres à détermination des substances minérales.

EMAIL. Verre opaque , que l'on obtient en fondant certaines pierres.

EMARGINÉ , débordé. Un cristal est émarginé , lorsque les arêtes de sa forme primitive sont interceptées chacune par une facette.

EMERIL , du grec Σμαο, polir , pierre à polir ; parce que cette substance est en effet employée à cet usage. Par l'analyse qui a été faite par Ternante , à Londres , on voit que l'émeril est un corindon souillé de fer ; car leur analyse diffère peu. Le corindon donne quatre-vingt-quatre parties d'alumine, six de silice, sept de fer ; et l'émeril, quatre-vingts parties d'alumine, trois de silice et quatre de fer. La dureté de ce dernier est fort rapprochée de celle du corindon ; l'un et l'autre raient le cristal de roche ; le tissu de tous les deux est lamelleux et mêlé de mica. On n'y découvre qu'une seule différence ; c'est que l'on n'a jamais vu l'émeril prendre une forme régulière. Malgré tous les rapports de ces deux substances , nous n'avons pas porté l'émeril au corindon: c'est à une sagacité très-exercée à lui marquer sa place.

EMOUSSÉ. C'est lorsque quelques parties d'un cristal , devant être plus saillantes que les autres , sont interceptées par des facettes.

ENCADRE. C'est quand des facettes forment une espèce de cadre autour des faces d'un cristal qui serait très - simple sans cela.

ENHYDRE , du grec εν, dans , et υδρος, υδορ, eau, qui renferme de l'eau. Telles sont les calcédoines de plusieurs montagnes volcaniques , et quelquefois certains cristaux.

ENNÉA-CONTAÈDRE. C'est un cristal dont la surface a quatre-vingt-dix faces.

ENTOURÉ. C'est quand des décroissemens ont lieu sur toutes les arêtes et sur tous les angles solides de la base du noyau prismatique d'un cristal.

EPOINTÉ. Cristal dont tous les angles solides de la forme primitive sont interceptés par des facettes solitaires.

EPTA-HEXAÈDRE. Cristal dont la surface est composée de sept rangs de facettes , disposées six à six les unes au-dessus des autres.

EQUIAXE , égale à l'axe. C'est un cristal de forme rhomboïdale , dont l'axe égale celui du rhomboïde primitif.

EQUIDIFFÉRENT. Se dit d'un cristal dont le prisme est à sommets différens, et qui forment par leur nombre la suite arithmétique, six , quatre , deux.

ÉQUIVALENT. C'est lorsque l'exposant qui indique un décroissement , est égal à la somme de ceux qui indiquent les autres.

F

Fasciolé, en faisceau.

FELD-SPATH, spath des champs. Ce n'est que par corruption qu'on a dit feld-spath ; parce que dans l'origine on disait fels-par, qui veut dire spath des roches : on le rendait par spath des champs. Mais étant prouvé que cette substance n'existe pas disséminée dans les champs en assez grande quantité pour porter cette dénomination, on devrait dire fels-par plutôt que feld-spath, d'après l'observation de Kirwan.

FERRIFÈRE. Uni au fer, ou mêlé avec du fer.

FIBREUX. C'est un corps composé de fibres ou aiguilles très-déliées et adhérentes dans toute leur longueur ; quelquefois elles sont droites, et quelquefois ondoyantes.

FISSILE, qui présente des fentes sans fracture. Telles sont les substances dont les lames se séparent très-facilement, ou qui laissent quelque intervalle entr'elles, comme les schistes.

FISTULAIRE. Cette dénomination a rapport à une espèce de stalactite qui est alongée, cylindrique, suspendue aux voûtes des cavernes. Ces stalactites ont ordinairement un canal intérieur, qui quelquefois est obstrué par des parties terreuses, ce qui ressemble assez à la moelle des os.

FLABELLIFORME, en forme d'éventail. C'est lorsque beaucoup de rayons divergens s'étendent sous la forme d'éventail en partant d'un point.

FLUATES. Combinaison de l'acide fluorique avec une base à laquelle il est susceptible de s'unir. On les nomme fluates, parce qu'ils fondent facilement.

FLUIDITE. La fluidité est une propriété qui fait que les molécules d'une substance, quoiqu'unies ensemble par cohésion, peuvent se mouvoir avec beaucoup de liberté.

FLUX, ou FONDANT. Ce sont les matières salines qu'on ajoute aux substances qui sont d'une réduction difficile, afin de les faire fondre plus facilement.

FORME. C'est l'état physique d'une substance. Elle peut être régulière, lorsqu'elle est soumise à des lois fixes, et irrégulière, lorsque son état n'est que l'effet des circonstances sans lois déterminées : dans le premier cas, elle est cristallisée, et dans le second, elle est amorphe.

FORME PRIMITIVE. La forme primitive d'un cristal est celle qu'on obtient en faisant des sections sur ses parties semblables : on a alors le noyau du cristal. C'est d'après la forme primitive qu'on tire un caractère géométrique bien constant ; les cristaux d'une même espèce, quelque éloignés qu'ils soient de la forme primitive, peuvent toujours y être ramenés. Les plus ordinaires de ces formes sont le parallélipipède, qui comprend le cube ; le rhomboïde et les solides à six faces, parallèles deux à deux ; le tétraèdre régulier ; l'octaèdre à faces triangulaires ; le prisme hexagonal ; le dodécaèdre à plans rhombes, et le dodécaèdre à plans triangulaires isocèles.

FORME SECONDAIRE. C'est celle qui résulte de la superposition de lames formées de molécules similaires, qui masquent la forme primitive. Les formes secondaires varient à l'infini ; mais aucun minéral n'a encore présenté de formes aussi variées que la chaux carbonatée, et toutes ses variétés proviennent de la manière dont les rangées de molécules se sont placées sur la forme primitive. Lorsqu'on veut avoir une idée exacte d'un cristal de forme secondaire, on se sert du gonomètre, qui est une modification du graphomètre, pour mesurer les angles que forment entr'eux ses pans et ceux que font ses facettes entr'elles. Mais, comme il faut être géomètre pour parvenir à la connaissance des minéraux par ce moyen, nous renvoyons ceux qui veulent prendre là-dessus des connaissances plus étendues, à l'ouvrage du savant Haüy. (Traité de Minéralogie , tom. 1 et 2.)

FRAGILITÉ. Les corps fragiles et les corps tendres ont bien un état différent dans ces deux cas. Le talc , par exemple, est rayé par la chaux carbonatée (spath calcaire). Il est plus tendre par conséquent , mais il résiste davantage à la percussion : c'est ce qui constitue sa fragilité.

FRIABILITÉ. La friabilité appartient aux corps dont toutes les parties, agrégées en une masse, peuvent se détacher facilement par le frottement.

FRITTE. C'est un corps qui a subi l'action du feu , qui ne s'y est pas fondu , mais s'y est couvert seulement d'une espèce d'enveloppe faisant la fonction d'un vernis, et y ressemblant assez par l'aspect luisant qu'il offre.

FUSIBILITÉ. La fusibilité est un état qu'éprouvent les corps , parce que le calorique qui les pénètre écarte leurs molécules à un tel degré, qu'ils coulent d'abord; mais , à un feu plus violent , le calorique venant à détruire l'attraction que les molécules de ces corps ont les unes pour les autres, ils s'élèvent alors à l'état de vapeur ou de gaz.

G

GALÈNE, de l'allemand. C'est ce qu'on appelle sulfure de plomb , et qui est formé par la combinaison naturelle du plomb avec le soufre. On s'en sert pour vernisser les poteries.

GALVANISME. Le galvanisme, qui maintenant est regardé comme un fluide identique à l'électricité , est une propriété en vertu de laquelle les parties musculaires des animaux éprouvent certaines commotions, lorsqu'on les met en contact avec les métaux, et particulièrement avec l'argent et le zinc, lorsqu'ils sont à l'état de pureté ou en régule. Tous les métaux sont susceptibles de produire le galvanisme avec plus ou moins d'action. Les différens degrés en ont été déterminés par le citoyen Gaillard , docteur-médecin, dans un mémoire qui se trouve inséré parmi ceux de la société médicale de Paris.

Pour obtenir un effet sensible de l'action galvanique , il suffit d'interposer la langue entre une pièce d'argent et une pièce de zinc , et de les faire communiquer par un de leurs points ; alors on recevra un picottement qui , s'il est répété , devient désagréable par la sensation qu'il fait éprouver.

GAZ. On appelle ainsi toutes les substances qui peuvent absorber assez de calorique pour devenir fluides élastiques ou vapeurs. Il en est de non permanens : tel est le mercure qui retombe en globule après avoir été volatilisé, parce qu'il a perdu le calorique qui le tenait à l'état de gaz. Il en est d'autres appelés permanens ; ce sont ceux qui restent toujours à l'état de fluide élastique: tel est l'air atmosphérique qui nous environne.

GÉNICULE. C'est un cristal courbé dans

sa longueur, qui offre, d'un côté, un angle rentrant, et de l'autre, un angle saillant un peu arrondi, et imitant l'articulation du genou.

GÉODE, de γεος, corps renfermant de la terre. Les géodes sont des corps de différente nature qui sont en boules plus ou moins régulières, dont la cavité, qui existe à l'intérieur, renferme des cristaux ou une matière terreuse. Les pierres d'aigle ou élites sont des oxides de fer qui renferment un noyau d'argile ocracé.

GLAISE. C'est ainsi qu'on appelle une combinaison d'argile de silice, de chaux et d'oxide de fer. Elle est tenace, grasse et ductile.

GLAPHIQUE, c'est-à-dire, qui est propre à être employé dans les ouvrages de sculpture.

GLOBULIFORME. On comprend sous cette dénomination tous les corps qu'on avait appelés pisolithes, oolithes, semelinithes, etc.; dont la forme arrondie provient du froissement qu'ils ont éprouvés. On trouve communément des oxides de fer globuliformes, réunis en masse par un ciment argilo-ferrugineux.

GLUCINE, douce. C'est une nouvelle terre découverte dans l'émeraude par Vauquelin. Unie aux acides, elle forme un sel sucré d'où elle a été appelée glucine. Cette terre, dégagée de sa combinaison avec l'émeraude, est en poudre ou en fragmens blancs, légers. Douce sous les doigts, insipide, collant et happant à la langue, elle est infusible, ne prend ni dureté, ni retrait au feu, est insoluble dans l'eau, mais y forme une pâte un peu ductile.

GYPSIFÈRE. Substance unie au gypse ou à la chaux sulfatée.

H

HAPPEMENT à la langue. C'est une adhérence de certains corps placés sur la langue et en contact avec elle, et qui font éprouver une espèce de résistance, lorsqu'on veut les en ôter; ce qui vient de la facilité avec laquelle ces corps absorbent l'humidité de la langue. La prompte absorbation de l'eau par un corps indique ce même caractère.

HÉMATITE, de ἁμα, sang, pierre couleur de sang. C'est une substance d'une couleur rouge qui n'est qu'un oxide de fer. On prétend qu'elle a reçu son nom de la propriété idéale qu'on lui attribuait d'arrêter le sang; mais on doit plutôt croire qu'on ne le lui a donné qu'à cause de sa couleur.

HEMATOIDE. C'est une substance dont la couleur est plus faible que celle de la précédente, et dont le nom d'*hématoïde* dérive.

HÉMITROPE, c'est-à-dire dont une moitié est retournée. L'hémitropie se dit d'un corps composé de deux parties d'un même cristal, dont l'une paraît être renversée.

HÉPATIQUE, dérivé de ἑπανια, ou ἡπιον, foie. C'est-à-dire, qui a quelque chose du foie, qui ressemble au foie.

HEXAGONAL. Cristal ayant six faces ou pans.

HEXATETRAÈDRE. Cristal formé de six pyramides trièdres, dont les bases sont appliquées sur les faces d'un cube.

HYALIN, ayant une apparence vitreuse. Ce nom, appliqué au cristal de roche des anciens, renferme une idée plus exacte que celle qu'il portait.

HYDROGÈNE, de υδωρ et γινομαι, j'engendre l'eau. On appelle ainsi ce gaz, parce qu'avec le gaz oxigène, à la proportion combiné avec quelques métaux et entre comme base de quelques substances, tel que l'ammoniac. Le gaz hydrogène le plus pur s'obtient en mêlant du zinc ou du fer en limaille avec de l'acide sulfurique affaibli. Ce gaz est beaucoup plus léger que l'air atmosphérique. Il est inflammable avec le contact de l'air. Il est impropre à la respiration et à la combustion.

HYDROPHANE, de υδωρ, eau, et de φαω, je brille. C'est le nom qu'on donne à une espèce de calcédoine qui devient transparente dans l'eau, dont elle se charge par imbibition; ce qui vient de ce que les rayons de la lumière traversent plus facilement son milieu, parce que les molécules de l'eau, qui sont de la même densité que les siennes, se sont interposées entre ses molécules. D'opaque qu'elle était, elle devient transparente ou translucide; mais elle redevient opaque, dès qu'elle a perdu l'eau dont elle s'était imbibée.

HYDROSULFURÉ. Corps combiné au soufre et à l'hydrogène.

HYPÉROXIDE, aigu à l'excès. C'est un cristal qui renferme la combinaison de deux rhomboïdes, dont l'un aigu est inverse, et l'autre incomparablement plus aigu.

I

ICOSAÈDRE. Cristal dont la surface est composée de vingt triangles, dont douze sont isocèles et huit équilatéraux.

IDENTIQUE. Un cristal est identique, lorsque les exposans des décroissemens simples, au nombre de deux, sont égaux aux termes de la fraction relative à un troisième décroissement qui est mixte.

IMITABLE. C'est un cristal rhomboïde, qui est prismé dans le sens de ses angles solides latéraux.

IMITATIF. C'est un cristal dont certaines faces ajoutées ou retranchées le feraient ressembler à un autre, ou même à la forme primitive.

IMPAIR. Un cristal est impair, lorsque les nombres qui désignent les pans de son prisme et les faces de ses deux sommets, censés différens l'un de l'autre, sont tous les trois impairs, sans être d'ailleurs en progression.

INCRUSTATION, en forme de croûte. On appelle ainsi les corps organisés qui sont enveloppés de molécules pierreuses qui se sont attachées à leur surface à la faveur d'un liquide dans lequel elles étaient suspendues. Il est des eaux qui sont singulièrement incrustantes : tel est le ruisseau de *Clermont-Ferrant* en Auvergne.

INFUNDIBULIFORME, en forme d'entonnoir. On applique cette dénomination à une variété de *muriate de soude* (sel de cuisine), dont les faces intérieures et extérieures sont cannelées parallèlement à leur base; ce qui, par conséquent, forme un cristal évasé.

INVERSE. Cristal rhomboïde dont les angles saillans sont égaux aux angles plans du rhomboïde primitif.

IRIS. La lumière passe quelquefois dans des milieux qui décomposent ses rayons; alors on aperçoit des couleurs différentes qui sont réfléchies : telles le vert, le bleu, le rouge, le jaune, le violet, l'indigo et le pourpre. Ceci a lieu quelquefois sur les fissures de certains quartz qui réfléchissent ces couleurs, parce qu'ils contiennent une lamelle d'air, et que toutes les fois que la lumière passe d'un milieu plus dense dans un milieu moins dense, elle se décompose.

ISOGONE, égalité d'angle. On applique cette détermination à un cristal dont les faces qui se trouvent sur des parties différemment situées, forment entr'elles des angles égaux.

ISONOME. Un cristal est isonome, lorsque les exposans qui indiquent les décroissemens sur les bords étant égaux, ceux qui expriment les décroissemens sur les angles le sont aussi.

J

JAYET. C'est une substance noire, combustible, solide, qu'on appelle ainsi du mot grec γαγασ, nom d'une rivière de Lycie, près de laquelle les Anciens l'avaient trouvée.

JOINTS NATURELS. *Voyez* CASSURE.

K

KAOLIN. C'est ainsi que les Chinois appellent une espèce de feld-spath décomposé, mêlé d'argile blanche et de silice, qu'ils emploient comme le principal objet entrant dans la fabrication de leur porcelaine.

L

LAMELLAIRE. C'est un corps composé de masses cristallines, dont l'arrangement irrégulier fait que, lorsqu'on le casse, il présente une foule de petites facettes plus ou moins grandes et dont l'inclinaison est différente.

LAMINAIRE. C'est lorsqu'un corps présente dans sa cassure et dans son intérieur des lames continues qui sont beaucoup plus sensibles que dans le cas précédent.

LENTICULAIRE. Le cristal lenticulaire est celui qui subit des décroissemens sur tous ses angles, et qui ne présente plus, de chaque côté, qu'une surface convexe; ce qui lui donne une forme lenticulaire.

LIÉGE DE MONTAGNE. C'est une sous-variété de l'amiante tressée, dont on a comparé le tissu entrelacé, lâche et spongieux, au liége.

LIGNIFORME, dérivé de *lignum*, bois. Pseudomorphose du bois qui conserve encore son tissu, ou substance minérale qui présente le tissu du bois sans être une pseudomorphose.

LIMPIDITÉ, corps limpides. Ce sont les corps qu'on appelait blancs; mais ils sont sans couleur, laissent passer les rayons de la lumière; au lieu que ceux qui sont blancs renvoient sans ordre l'assemblage de toutes les couleurs. Telles sont les substances d'un blanc laiteux, ou d'un blanc de neige.

LITHOMARGE, de λιθοσ et *marga*, pierre de marne. On a donné ce nom à des terres bolaires, qui sont des argiles mêlées de silice et de chaux,

LUDUS HELMONTII, jeux de Van-Helmont. Ce sont des masses orbiculaires de terre marneuse mêlée d'oxide de fer qui se trouvent par bancs, et celles de chaque banc sont de la même grosseur. Ces masses ont subi, en se desséchant, un retrait en différens sens. Les interstices en ont ensuite été remplis par la chaux carbonatée, et tout l'intérieur réunit un grand nombre de formes régulières, d'une substance grisâtre, qui sont séparées par des cloisons blanches de chaux carbonatée.

LUMIÈRE. C'est un fluide très-subtil, qui nous est envoyé par les corps qui éclairent notre globe. Le soleil et quelques étoiles paraissent jouir de cette éminente propriété. On croit qu'ils en sont la source et le foyer, d'où ils la répandent dans l'espace avec une rapidité étonnante. C'est par elle que nous avons la sensation des couleurs, d'après les différentes manières dont elle est réfrangée par les molécules des corps.

M

MAGNÉTISME. C'est une propriété du fer oxidulé (*vulgó* aimant) et du nikel, par lequel ils attirent le fer et lui communiquent la même propriété par la communication ou par le frottement.

Les bornes que prescrit ce Vocabulaire ne permettent pas de parler plus en détail de ce fluide. J'indiquerai donc seulement l'avantage que le naturaliste peut tirer du magnétisme par rapport aux caractères des minéraux.

Pour cela on a une aiguille aimantée, suspendue librement ou posée sur un pivot; alors c'est une boussole. Cet instrument ainsi disposé sert à connaitre si dans les minéraux il y a quelques parties sensibles de fer. Comme l'aiguille aimantée a la propriété de se tourner toujours vers le nord, si on lui présente une substance qui contient du fer, elle se tourne aussitôt de son côté, et l'on juge qu'il y en a des parties sensibles.

MAGNÉSIE, de Μαγνησια. Cette terre a très-faiblement les propriétés des terres alcalines. Elle se trouve abondamment dans la nature, à l'état de combinaison avec l'acide sulfurique; les eaux de la mer en contiennent, quelques fontaines aussi, et certains pays en sont couverts. C'est elle qui donne aux pierres cette douceur et cette onctuosité qui les fait ressembler par le tact à un corps gras. Pour l'obtenir pure, on verse une dissolution d'alcali dans une autre de son sulfate; alors l'acide quitte sa base et s'empare de l'alcali, tandis que la magnésie se précipite; alors elle est blanche, légère et friable, lorsqu'elle est en petits pains; ou blanche fine à l'œil et au tact, lorsqu'elle est en poussière; elle n'a point de saveur, verdit bien peu la teinture des fleurs de violette, est infusible, insoluble dans l'eau, ou du moins bien peu.

La magnésie carbonatée est très-rare; sa connaissance est due au citoyen Guiton, qui cherchait dans les environs de Castellamonté une argile qui eût au plus haut degré la propriété hygrométrique; il trouva dans une pierre particulière ce carbonate. Elle est aussi très-riche en alumine.

MAGNÉSIFÈRE, qui est uni à la magnésie.

MALLÉABILITÉ. Propriété qui permet aux métaux non-seulement de se couper en tranches minces, mais encore de s'étendre sous le marteau, le laminoir, la filière, etc.

MALTHE, de Μαλθη, *emollitus*. C'est

un bitume noir, commun aux environs des volcans, qui est de la nature de l'asphalte, qui conserve un certain degré de mollesse, ce qui le fait ressembler à la poix.

MAMELONNÉ. Substance qui présente à sa surface des grosseurs que l'on a assimilées à une mamelle.

MARBRE, du grec Μαρμαρρο, j'éblouis. Dans l'origine on appelait assez indifféremment marbre toutes les substances calcaires d'une cristallisation confuse, dure, susceptible de prendre un poli vif qui faisait ressortir des teintes agréables. Mais on les a dispersées dans des divisions différentes; ceux qui approchent le plus de l'état de pureté et de blancheur, tel est le marbre statuaire, sont placés dans les chaux carbonatées. L'albâtre y est aussi placé; sa couleur la plus ordinaire est le jaune, le miellé, le rouge et le brun; il est ordinairement par couches concentriques et ondulées. Cette substance jouit d'une moindre pureté que le marbre, mais est un peu translucide. Il y a des marbres qui sont placés parmi les brèches, d'autres dans les roches ou dans les substances de troisième formation et qui doivent leur dureté au desséchement.

MARCASSITE. C'est un cuivre pyriteux susceptible d'être poli.

MAT. *Voyez* CASSURE.

MÉIONITE, c'est-à-dire moindre ou inférieure. On a ainsi appelé une substance qui était connue sous le nom de *hyacinthe blanche de la Somma*, et qu'on avait confondue avec l'idocrase; mais comme la cristallisation de la pyramide est plus basse dans la méionite que dans l'idocrase, c'est de là qu'on a emprunté le mot de méionite.

MÉSOTYPE, c'est-à-dire forme primitive moyenne. Comme on avait confondu l'analcime et la stilbite avec la mésotype,

il était nécessaire de trouver un caractère pour les distinguer.

Dans l'analcime, les bases et les faces sont des carrés; dans la stilbite, les bases et les faces sont de simples rectangles; mais dans la mésotype les bases sont des carrés, et les faces latérales sont des rectangles: ce qui fait qu'elle a un terme moyen entre le noyau des deux autres substances; différence dont on a tiré le nom de *mésotype*.

MÉTAL, du grec Μεταλλον, creuser, fouiller. Ainsi appelé, parce que pour trouver les métaux on est obligé de fouiller.

MÉTALLOIDE, qui a quelque ressemblance avec un métal.

MÉTASTATIQUE, de transport. C'est un cristal dont les angles plans et les angles solides sont égaux à ceux du noyau, qui se trouvent transportés par là sur la forme secondaire.

MIELLÉ. Substances qui ont la couleur et la transparence du miel.

MIXTE, changeant. Cristal dont la forme résulte d'un seul décroissement mixte.

MIXTILIGNE. Cristal dont la forme, résultant d'un décroissement, se trouve sur des angles disposés différemment.

MOLAIRE, propre à faire des meules. On a ainsi appelé une espèce de *quartz-agathe-silex*, qui est carié et dont on se sert pour faire les meules propres à réduire le grain en farine.

MOLÉCULE. Une molécule est une partie des corps, imperceptible à notre vue simple, et même aux meilleurs instrumens d'optique. Réunies en grand nombre, elles constituent un corps. On présume avec raison que les molécules d'un corps sont toutes semblables; ce qui le confirme, c'est qu'en réduisant la sulfure de plomb en poussière, chaque parcelle aura encore la forme cubique. On distingue deux espèces de molécules, la molécule élémentaire, qui pour nous est invisible ; c'est la plus simple, c'est celle qui entre dans la formation de la molécule intégrante, qui est la seconde espèce.

MOLÉCULE INTÉGRANTE. Après qu'on a déterminé le noyau ou la forme primitive d'un cristal, il arrive qu'on peut encore diviser ce noyau ; il en résulte des lames qui sont composées de molécules similaires, qui ne se trouvent pas réunies toujours de la même manière ; quelquefois cette molécule est semblable au noyau, mais elle en diffère quelquefois aussi. On réduit à trois les formes de la molécule intégrante : 1.° le parallélipipède ; 2.° le prisme triangulaire ; 3.° le tétraèdre.

L'inclinaison et les angles que font entr'elles les faces de ces molécules, servent à distinguer les différentes substances, parce

que la même substance, dans ses différentes variétés, a toujours le même angle pour mesure.

MOLÉCULE SOUSTRACTIVE. Ce nom est donné aux petits parallélipipèdes, divisibles ou non, dont la soustraction détermine la quantité du décroissement qu'éprouvent les lames superposées sur les faces de la forme primitive.

MONOSTIQUE. Un cristal est monostique, lorsque son prisme, composé d'un nombre quelconque de pans, a sur le contour de chacune de ses bases une rangée de facettes en nombre différent de celui des pans, dont les unes peuvent être marginales, les autres angulaires, ou même toutes marginales.

MURIATE. Ce sont des substances unies à l'acide muriatique.

N

NAPHTE. Variété de bitume qui est fluide, transparente, jaunâtre, et d'une odeur très-pénétrante. On trouve le naphte dans des cavités, près les volcans. Celui du commerce est obtenu par la distillation du pétrole.

NATRON. On a appelé ainsi la soude carbonatée qui se trouve en abondance sur les terres sablonneuses de l'Égypte.

NECTIQUE, disposé pour nager. On a appelé aussi ces substances, pierres légères. Elles ont une cassure raboteuse, leur poussière est aride au toucher ; mises sur l'eau, elles y nagent quelque temps ; mais, s'imbibant peu-à-peu, elles finissent par enfoncer.

NÉPHRÉTIQUE, dérivé de Νεφρος, rein. Nom donné à une espèce de jade, olivâtre

ou blanchâtre, qui est translucide et prend un poli onctueux ; parce qu'on croyait qu'attaché au cou, il guérissait les coliques causées par des graviers et appelées néphrétiques.

NITRATE. Réunion d'une terre, d'un métal ou d'un alcali avec l'acide nitrique.

NIVÉIFORME, en forme de neige. On donne ce nom aux substances qui, par leur blancheur, leur finesse, et quelquefois leur facilité à se déliter sous les doigts, ont quelques rapports avec la neige.

NONODUODÉCIMAL. Cristal dont la surface est composée de vingt et une faces, tel que dans une espèce de tourmaline dont le prisme a neuf pans, et à chacun de ses sommets six facettes.

O

OBLIQUANGLE. Se dit de deux cristaux qui se croisent en forme de sautoir sous un angle de soixante degrés.

OCRE, de *ochra*, chaux métallique. Ce sont des métaux oxidés, combinés ou mêlés, plus ou moins abondamment, d'une terre argileuse.

OCTAÈDRE, à huit faces. C'est un cristal qui présente cette forme comme secondaire.

OCTODÉCIMAL. C'est un cristal octaèdre qui a douze facettes à ses sommets.

OCTODUODECIMAL. Cristal hexaèdre épointé à tous ses angles solides, ou qui par le décroissement a acquis douze facettes.

OCTOGONAL. Prisme d'un cristal qui est formé de huit pans ou côtés.

OCTOTRIGÉSIMAL. Cristal qui a huit faces dans un sens, et quinze dans chacune des parties adjacentes.

OCTOVIGÉSIMAL. Cristal octaèdre, ayant vingt facettes, tant sur ses arêtes que sur ses angles solides.

ODEUR. C'est une sensation que nous recevons, parce que l'air nous transmet les molécules des corps qu'il tient en suspension et qui ont été dissoutes par le calorique. Les minéraux nous font éprouver cette sensation de deux manières, ou par l'action du feu, ou par le frottement ; le soufre que l'on brûle exhale une odeur qui lui est propre ; le frottement en développe une plus ou moins sensible dans certains métaux.

OLLAIRE, du latin *olla*, marmite. Espèce de talc stéatite dont les Grisons se servent pour faire des marmites en le travaillant sur le tour, ce qui lui a fait donner le nom d'ollaire.

ONDÉCIMAL. Cristal dont la surface est composée de onze facettes, soit qu'il y en ait moins au prisme, plus au sommet, *et vice versâ*.

ONIX, du grec ονιξ, en forme d'ongle. On appelle ainsi toutes les pierres siliceuses, telles qu'agate, calcédoine, etc., qui sont formées de couches parallèles bien distinctes et de différentes couleurs. On en fait des camées ou espèces de gravures dont le fond est d'une autre couleur que les figures.

OPALE *allemand*, ou QUARTZ RÉSINITE OPALIN. Cette pierre est d'une couleur laiteuse et répand de très-beaux reflets ; mais elle doit toute sa beauté à son imperfection. Elle est remplie de gerçures imperceptibles à l'œil nu ; la lumière qui cherche à la pénétrer est réfractée, se porte sur d'autres facettes, ce qui fait jeter à cette pierre des reflets très-agréables. On doit rapporter ce phénomène à la décomposition des rayons de la lumière ; car, si on brise une opale, le charme disparaît et elle perd toute sa beauté, ne jetant plus aucun reflet.

OPPOSITE. Cristal dont un décroissement se fait par une rangée, tandis qu'un autre est intermédiaire.

OPHITE, du grec οφις, serpent, ayant quelques rapports à un serpent. C'est un porphyre vert, à base de trapp, dont les taches noires imitent grossièrement les taches de certains serpens.

OXIDE. Substances combinées à l'oxigène. Ce sont ordinairement les métaux unis au gaz que l'on appelle oxigène.

OXIGÈNE, de οξύ et γινομαι, j'engendre les acides. Ainsi nommé, parce que ce gaz étant uni à une base qui est susceptible de beaucoup s'en charger, il la rend acide et lui en fait partager les propriétés. Pour obtenir l'oxigène pur, on prend de l'oxide de manganèse ; on verse dessus de l'acide sulfurique affaibli ; l'acide s'unit au métal et le gaz s'échappe ; alors on le recueille sous une cloche de verre que l'on a remplie d'eau, et sous laquelle communique un tube recourbé qui tient au vase dans lequel on a mis l'acide et l'oxide. Ce gaz est inodore, invisible, élastique, pesant ; il est propre à la combustion et à la respiration. C'est ce fluide qui joue un si grand rôle dans la nature et qui est le principe de vie de tous les êtres organisés. Tous les métaux, excepté le platine, l'or et l'argent, se trouvent unis à ce gaz dans la nature ; et pour les en dépouiller et les réduire à l'état de métal pur, on est obligé de les faire fondre avec différens flux qui les en dégagent.

P

PALLADIUM. On annonça à Londres la découverte d'un nouveau métal en l'an 11 ; il était sous la forme d'un régule ; ses caractères chimiques, physiques et minéralogiques étaient déterminés ; on le payait jusqu'à dix guinées l'once ; on ignorait d'où il venait. Il avait l'éclat du platine, une pesanteur spécifique de 11, était presque infusible seul, mais le devenait avec une addition de soufre. Il était dissoluble dans l'acide nitrique. On a trouvé par l'analyse que ce n'était qu'un alliage de soixante et une parties de platine et de trente-neuf de mercure. Chenevix, qui l'a analysé, en a fait d'absolument semblable. La différence qui existe entre la pesanteur spécifique du mercure et du platine séparés, et celle du palladium, vient de la pénétration qui a eu lieu entre les molécules.

PANTAGÈNE, qui tire son origine de toutes les parties. C'est un cristal dont tous les angles solides et toutes les arêtes ont subi un décroissement.

PARADOXAL. Forme dans un cristal à laquelle on ne devait pas s'attendre, d'après les lois de la cristallographie.

PARTIEL. Dénomination relative aux décroissemens que certaines parties d'un cristal éprouvent, tandis que d'autres, semblablement placés, n'en subissent aucun.

PENTACONTAÈDRE. C'est un cristal dont les angles solides des sommets sont épointés, et dont les arêtes sont occupées par trois facettes.

PENTAHEXAÈDRE. Cristal dont la surface est composée de cinq rangs de facettes, disposées six à six les unes au-dessus des autres.

PENTARHOMBIQUE. C'est un cristal tétragramme, qui a de plus un petit rhombe à chacun de ses angles.

PERLÉ. On a donné ce nom à une variété de chaux carbonatée ferrifère, parce qu'elle jette des reflets nacrés ou perlés.

PESANTEUR SPÉCIFIQUE, ou DENSITÉ. La pesanteur spécifique est le rapport qui existe entre le poids d'une substance pesée dans l'air, et la perte que cette substance fait de son poids, pesée dans l'eau au moyen de la balance hydrostatique, ou de l'aréomètre de Nikolson, qui est un cylindre de fer-blanc, garni en dessous d'une cuvette qui plonge dans l'eau, et en dessus il se trouve une autre cuvette qui sert à placer les poids. Quand on a essayé de trouver la pesanteur spécifique d'un corps, et qu'on a calculé combien il pèse dans l'air, combien il perd de poids dans l'eau , on établit une proportion qui donne un résultat que l'on cherche dans les tables de pesanteur spécifique, et aux côtés desquelles se trouve le nom de la substance qu'on veut déterminer, moyennant qu'on ait opéré avec une rigoureuse exactitude.

PERIPOLYGONE. Prisme de cristal ayant un très-grand nombre de pans.

PERI-DÉCAÈDRE. C'est un cristal dont la forme primitive est un prisme à quatre pans, qui se change en prisme décaèdre par le décroissement.

PÉRI-DODÉCAÈDRE. Cristal dont le noyau, étant un prisme hexaèdre régulier, a ses six arêtes longitudinales interceptées par des facettes.

PERI-HEXAÈDRE. Cristal dont la forme primitive est un pan à quatre faces, qui se change en hexaèdre ou en prisme à six pans.

PERI-OCTAÈDRE. Cristal dont la forme primitive étant un prisme à quatre pans, se change en prisme octaèdre par les décroissemens survenus aux arrêtes du prisme à quatre pans.

PERI-OCTOGONE. Cristal dont le prisme a huit côtés ou pans.

PERSISTANT. C'est un cristal dans lequel certaines faces se trouvent coupées par les faces voisines, de manière qu'elles conservent les mêmes mesures d'angles qu'elles auraient eues sans cela ; mais ces angles ont d'autres positions respectives.

PÉTUNT-SE. C'est une variété de feldspath parfaitement blanc , qui forme presque en entier la pâte de la porcelaine mêlée au kaolin.

PHLEGME. Nom donné par les anciens chimistes à la partie aqueuse que l'on obtenait des corps, soit par la distillation ou l'analyse.

PHOSPHATE. C'est la combinaison de l'acide phosphorique avec une base à laquelle il est susceptible de s'unir. Les os des animaux sont des phosphates naturels.

PHOSPHORE, du grec φοσφορος, resplendir. Substance combustible au simple contact de l'air. Le nature le forme tous les jours dans les corps organisés ; dégagé de sa base par un procédé chimique , on obtient , en le coulant dans des cylindres remplis d'eau, un corps d'un jaune de cire, que l'on conserve dans l'eau ; car il brûle à l'air à une température de dix degrés au-dessus de la glace. Lorsqu'il brûle, il répand un odeur approchante de celle de l'arsenic, mais plus forte.

PHOSPHORESCENCE. Ce n'est que par extension qu'on a appelé phosphorescence la lumière sans dégagement sensible de chaleur, que produisent certains corps frottés ou percutés. Pour l'observer, on doit être placé dans les ténèbres. Il suffit quelquefois de frotter les corps avec une étoffe, pour que leur phosphorescence soit sensible; mais il en est d'autres où l'on emploie un corps beaucoup plus dur que celui qu'on essaie. Quelquefois la phosphorescence n'a lieu pour certains corps qu'à la faveur d'un charbon allumé ou d'une forte chaleur; alors on prend un fragment ou la poussière des corps mis à l'épreuve ; on voit que chaque parcelle paraît entourée d'une atmosphère de flamme, qui peut prendre, suivant la substance, une couleur différente.

PLAGIÈDRE. C'est un cristal qui a des faces situées de biais.

PLAN CONVEXE. Dénomination adaptée à certains cristaux de forme sphéroïdale, qui ont des facettes planes et d'autres convexes.

PLATINE, de *platino*, espagnol, petit argent, dérivé de *plato*, argent. Ainsi nommé, parce qu'il ressemble à l'argent et qu'il se trouve toujours en petites parcelles. Il paraît, d'après l'analyse qui en a été faite par Fourcroy, que ce n'est plus un métal simple, mais un amalgame.

POLYGRAMME. C'est un cristal penta-rhombique, dans lequel des lignes noirâtres, situées diagonalement, se ramifient en d'autres lignes parallèles aux côtés de la base.

POTASSE, de l'allemand *pott asch*, pot à brûler, parce que pour l'avoir on faisait brûler dans des pots les plantes qui la donnent. On appelle encore ce sel, alcali végétal. Après avoir brûlé les plantes qui le donnent, lorsqu'on veut l'avoir pur, on lave les cendres ; l'eau se charge du sel, et le laisse déposer ensuite quand elle s'évapore. Mais, comme la potasse se trouve toujours unie à l'acide carbonique, pour l'en dégager, on l'étend de beaucoup d'eau, dont la moitié est de l'eau de chaux ; l'on décante cette eau, elle entraîne la potasse et laisse précipiter le carbonate de chaux qui s'est formé ; alors, en faisant évaporer l'eau qui contient la potasse, on l'obtient à son plus grand degré de pureté. Alors elle est sèche, blanche, et susceptible d'attaquer le tissu de la peau et d'ouvrir des cautères : action qui est due à sa grande tendance pour l'humidité que contiennent les corps sur lesquels on l'applique. Dissoute dans l'eau, elle produit de la chaleur et exhale une odeur fétide. La potasse se combine avec la terre siliceuse, et l'entraîne en fusion lorsqu'elle est mêlée en parties égales.

On avait cru que cet alcali ne se trouvait que dans les végétaux ; mais l'analyse l'a offert dans beaucoup de minéraux.

POUDDING. On appelait ainsi des corps ronds qui étaient agglutinés en masse par un ciment particulier, et brèches, ceux qui étaient formés de la même manière, mais dont les agrégats étaient anguleux.

PRISMATIQUE. C'est un cristal à prisme droit ou oblique, dont les pans ont entre eux une inclinaison de cent vingt degrés.

PRISMATOIDE. Prisme qui a souffert quelque oblitération, soit dans ses angles, soit dans ses faces.

PRISME. C'est un cristal à plusieurs pans, que l'on considère abstraction faite de ses sommets.

PRISME. C'est un cristal à deux pyramides, dont la base est réunie au moyen d'un prisme intermédiaire.

PRIMITIF. Le cristal primitif est la forme la plus simple qu'on puisse obtenir dans une substance; c'est d'elle que découlent les autres formes. Le rhomboïde est le cristal primitif de la chaux carbonatée, et c'est d'elle que dérive cette foule de formes secondaires.

PROGRESSIF. C'est lorsque les exposans d'un décroissement forment un commencement de progression arithmétique, comme 1,2,3.

PROMIMULE. Cristal dont quelques arêtes forment une légère saillie.

PROSENNEAÈDRE. Cristal dont le prisme et un de ses sommets ont chacun neuf faces.

PSEUDOMORPHIQUE. Corps qui a une figure fausse et trompeuse. « Une pseudo-» morphose, dit le savant Haüy, est une » concrétion douée d'une forme étrangère » à sa substance, et qu'elle doit à ce que » ses molécules remplissent un espace oc-» cupé précédemment par un corps de » même forme. » Le mode de formation de ces pseudomorphoses est différent. Les coquillages que l'on appelle pétrifiés se sont remplis d'une substance pierreuse qui s'est moulée dans leur intérieur, et qui a gardé l'empreinte de ces animaux après la destruction de leur coquille; mais il arrive quelquefois que l'enveloppe des coquillages se pétrifie, car elle s'imprègne de sucs siliceux et étincelle sous le briquet, ce qui peut former deux ordres de pseudomorphoses, la première par empreinte, et la seconde par interposition de molécules dans la place d'autres molécules. Le bois lithoïde ne représenterait pas dans son intérieur les filets et même les couches de bois, s'il n'était formé que par incrustation. Il faut présumer que dans le coquillage et dans le bois il y a des parties qui deviennent destructibles les unes plutôt que les autres; les molécules étrangères remplacent celles qui se décomposent, et comme toutes celles du bois sont destructibles, peu-à-peu la totalité devient solide. Il n'en arrive surement pas de même dans les coquillages dont l'enveloppe est pénétrée de sucs pierreux; car il y a des parties solides qui

sont indestructibles; alors le corps devrait être silico-calcaire, ce dont on pourrait s'assurer par une analyse exacte.

PULVISCULAIRE. Dont les grains sont si ténus qu'on ne peut pas les distinguer; enfin qui sont plus imperceptibles que les parties de la poussière.

PUMICÉ. Qui appartient à la pierre-ponce.

PYRAMIDÉ. Prisme qui porte autant de faces à ses sommets qu'il a de pans.

PYRITE, du grec πιρος, feu. Ainsi appelée, parce que quelques-unes sont susceptibles de s'enflammer en attirant l'humidité de l'air. Il y a des pyrites d'or, d'argent, de cuivre; c'est à la combinaison d'un de ces métaux avec le soufre que sont dues les pyrites.

PYROMAQUE. Qui fait feu pour le combat. On range sous cette dénomination les pierres siliceuses qu'on emploie pour les armes à feu.

Q

QUADRIDÉCIMAL. C'est un cristal à quatorze faces, soit qu'il y en ait quatre à chacun de ses sommets et six à son prisme, ou, comme dans une variété de feld-spath, dix au prisme et deux à chaque sommet.

QUADRI-EPOINTE. Cristal qui a ses angles solides interceptés par quatre facettes.

QUADRI - OCTODÉCIMAL. C'est un prisme droit rhomboïdal, qui est épointé à la rencontre des arêtes les moins saillantes et des bases, qui a huit facettes naissantes deux à deux de ses arêtes.

QUADRI - OCTONAL. Cristal dont le prisme droit rectangulaire est terminé par des pyramides à quatre faces.

QUADRISENAIRE. C'est le prisme quadri-octodécimal qui a les huit facettes de moins sur ses arêtes.

QUADRIUNITAIRE. Cristal qui subit quatre décroissemens par une rangée.

QUADRUPLANT. C'est lorsque l'un des exposans est répété quatre fois dans une série, qui, sans cela, serait régulière.

QUATERNÉ. C'est un cristal formé de l'assemblage de quatre prismes disposés en croix.

R

RACCOURCI. Un cristal est appelé raccourci, lorsque sa forme primitive étant un prisme à base rhombe, les arêtes longitudinales contiguës à la grande diagonale, sont interceptées par deux facettes, qui la font paraître diminuée dans le sens de sa longueur.

RADIÉ. C'est une substance composée de rayons qui partent d'un centre commun et qui divergent ; dans une masse, quelquefois, on en voit différens groupes isolés les uns des autres. Il en est dont la sommité de chaque rayon ou aiguille est terminée par un cristal, comme on le voit souvent dans la chaux carbonatée inverse.

RECTANGULAIRE. Ce sont deux cristaux qui se croisent à angle droit.

RECURRENT. C'est lorsqu'en prenant les faces d'un cristal par rangées annulaires, d'une extrémité à l'autre, on a deux nombres qui se succèdent plusieurs fois, comme 4,8,4,8,4.

RÉFRACTION. C'est la propriété en vertu de laquelle les rayons de la lumière se détournent et forment une espèce de pli en passant d'un milieu moins dense dans un plus dense ; alors l'angle de réfraction n'est pas droit avec la surface qui sépare les milieux. Cet angle devient plus petit que l'angle d'incidence, si les rayons vont d'un milieu plus rare à un plus dense ; et il s'écarte de la perpendiculaire, si les rayons passent d'un milieu plus dense à un milieu plus rare. On entend par un milieu rare, un corps qui a moins de parties qu'un autre corps, sous un même volume, et dont par conséquent la pesanteur spécifique est moindre.

RÉFRACTION DOUBLE. C'est une propriété des milieux de certains corps transparens, qui réfléchissent deux figures d'un objet qu'on présente derrière deux de leurs faces inclinées entr'elles. On appelle quantité de la double réfraction, l'ouverture de l'angle que font entre eux les rayons à l'aide desquels l'œil voit les deux objets. La réfraction double augmente suivant l'angle réfringent ou suivant l'angle que forment entr'elles les facettes à travers lesquelles on aperçoit les objets. La plus simple manière, pour observer la double réfraction, est de mettre, devant un grand jour, la substance qu'on veut éprouver entre l'œil et une épingle, que l'on tourne en divers sens, jusqu'à ce qu'on aperçoive le plus grand écartement possible qu'éprouvent les images de l'épingle. On peut, au lieu d'une épingle, se servir d'une ligne que l'on a tracée sur le papier.

RETRÉCI. Cristal dont la forme primitive étant un prisme à base rhombe, les arêtes longitudinales, contiguës à la grande diagonale, sont interceptées par deux facettes qui le font paraître diminué en longueur.

RÉTROGRADE. C'est un cristal dont l'expression renferme deux décroissemens mixtes, de manière que les faces qui en résultent semblent rétrograder, en se rejetant en arrière, du côté de l'axe opposé à celui qui regarde la face sur laquelle ils naissent.

RHOMBIFÈRE. C'est un cristal dont certaines facettes sont de vrais rhombes, quoique, d'après la manière dont elles sont coupées par les faces voisines, elles ne dussent pas être regardées comme ayant une figure régulière.

S

SACCAROIDE, en forme de sucre. C'est une substance qui par son grain et sa blancheur imite le sucre.

SAVEUR. C'est une sensation particulière qui affecte l'organe du goût et qui ne sert dans les minéraux que pour connaître les sels qui seuls peuvent affecter ce sens, étant seuls susceptibles de se dissoudre avec le secours de l'humeur salivaire qui est toujours contenue dans la bouche.

On distingue la saveur : en salée, celle de la soude muriatée ; en urineuse, celle du muriate d'ammoniac ; en salée fraîche, celle de la potasse nitratée ; en salée amère, la magnésie sulfatée ; en styptique, celle du fer sulfuré ; en astringente, celle de l'alumine sulfatée ; en alcaline, celle de la soude carbonatée.

SCHISTE, du grec Σχιϛος, fendu, parce que les schistes se présentent toujours sous l'aspect de feuillets faciles à détacher.

SCHORL ou SCHEURL, du suédois *scoerl*. Nom donné à beaucoup de substances différentes, et que l'on a enfin proscrit de la minéralogie. Ce nom était devenu si commun, qu'on le donnait à toutes les nouvelles substances avec un modificatif, tel que rouge, bleu, vert, violet, etc., toutes substances très-distinctes.

SCINTILLATION. C'est la production d'étincelles enflammées, que l'on obtient lorsque l'on choque un corps dur avec un autre corps plus dur. On la prend aussi dans un autre sens : un minéral est scintillant, lorsque quelques points de sa surface réfléchissent une lumière affaiblie.

SEGMINIFORME, en forme de segment. C'est un cristal dont le décroissement n'a laissé qu'un corps presque informe, et qu'il est quelquefois bien difficile de rapporter à sa véritable espèce.

SEXDÉCIMAL. Cette forme dépend du nombre des pans du prisme d'un cristal, ainsi que de ses sommets. Il peut avoir dix pans au prisme, six faces à ses sommets, ou dix faces à ses sommets et six pans à son prisme.

SEXDUODÉCIMAL. C'est lorsque, comme dans le cas précédent, une des deux parties du cristal a six pans, l'autre douze, et réciproquement.

SEXOCTODÉCIMAL. C'est un prisme hexaèdre à six faces obliques inférieures et trois supérieures.

SEXOCTOGONAL. C'est un cristal périoctaèdre, dont des faces sont remplacées par un rectangle alongé.

SEXOCTONAL. C'est un cristal parallélipipède émarginé supérieurement.

SEXRADIÉ. Ce nom est donné à une réunion de prismes qui se croisent en formant les six rayons d'un hexagone régulier.

SEXTUPLE. Cristal à quarante-huit faces, qui répondent six à six aux faces de l'octaèdre.

SEXVIGÉSIMAL. Cristal à six faces, formant un parallélipipède rectangle, et auxquelles sont ajoutées vingt facettes.

SILICE. On l'appelle encore terre quartzeuse. Sous forme de pierre quartzeuse, elle est aussi répandue dans les roches primitives, que la chaux carbonatée dans les terrains secondaires ; elle forme, avec une substance inconnue, le quartz hyalin ou le cristal de roche. Lorsqu'à l'aide d'une analyse assez longue on est parvenu à l'obtenir pure, alors elle est insoluble dans tous les acides, excepté l'acide fluorique. Avec une autre terre , elle est fusible ; mais , seule , elle ne l'est pas. Unie à la soude en assez grande quantité, elle forme le verre. Avec de la potasse , lorsque celle-ci y domine , elle forme un verre qui attire l'humidité de l'air et qui tombe en déliquescence. La silice forme la base, ou entre dans la composition de la plupart des pierres scintillantes.

SMECTITE, qui est propre à blanchir. C'est une glaise savonneuse qui mousse à l'eau comme le savon et s'y dissout. De même elle est employée pour le blanchiment des étoffes.

SEMI-PRISMÉ. C'est un cristal dont il n'y a que la moitié des arètes , situées autour de la base commune, qui soient interceptées par des pans.

SON. Le son est la propriété qu'ont les molécules de certains corps d'ébranler celles de l'air, qui par là nous transmettent l'action de la sonorité. L'argent a un son argentin, parce qu'il ne lui est pas commun avec d'autres métaux. Le son des métaux peut être clair comme celui de l'argent , sourd comme celui de plomb , aigu comme celui de certains alliages ; quelques pierres ont aussi un son relatif à la nature de leur conformation.

SOUS-DOUBLE. Cristal dont l'exposant relatif à un décroissement est la moitié de la somme des autres exposans.

SOUS-QUADRUPLE. Cristal dont l'exposant relatif à un décroissement est quadruple de la somme des autres exposans.

SOUS-SEXTUPLE. Prisme à huit pans, à sommets à quatre faces et une horizontale, qui est émarginé verticalement à la jonction de certaines faces.

SOUSTRACTIF. C'est lorsque l'exposant relatif à un décroissement est moindre d'une unité que la somme de ceux qui indiquent les autres.

SOUS-TRIPLE. Se dit dans le même sens que sous-sextuple , etc.

SOUDE, ou ALCALI FIXE MINÉRAL. On retire cette substance des végétaux, de même que la potasse ; mais seulement en faisant brûler ceux qui viennent aux environs de la mer, et principalement du *salsola kali.* Pour l'obtenir, on fait brûler cette plante dans des fosses, où la cendre qui en résulte est en masses, qu'on purifie de la même manière que la potasse. Elle est moins caustique qu'elle, effleurit à l'air en laissant échapper son eau de cristallisation. Elle cristallise en octaèdres rhomboïdaux. On la préfère à la potasse pour la fabrication du verre et du savon.

SPATH, spathique, dont la cassure est lamelleuse. On avait appelé spath, toutes les substances dont la cassure présentait un tissu lamelleux ; les spaths, fluor, calcaire, adamantin, boracique, etc. , quoique très-différens , étaient réunis sous le nom de spath, que la nouvelle nomenclature vient de rejeter, en ne la conservant qu'au feldspath.

SPATHIQUE. *Voyez* CASSURE.

SPHÉROIDAL, en forme de sphére. Appliqué pour les subtances qui ont une forme ronde , ou pour les cristaux à douze, vingt-quatre ou quarante-huit faces bombées et qui tendent à devenir ronds, si la décroissance des sommets était entière.

SPICIFORME. C'est une substance dont la forme affecte celle d'un épi.

SPICULAIRE, qui est en forme d'épi. Ce sont des substances dont l'arrangement grossier a semblé à des épis à ceux qui les ont observées.

SQUAMIFORME. C'est un corps qui présente dans sa cassure une multitude de petites facettes, qui représentent un tissu écailleux.

STALACTITE, du grec Σταλαω, découler. Ce sont des corps oblongs que l'on rencontre dans les cavernes des rochers , portant souvent un canal intérieur. Ils sont dus à l'infiltration des eaux qui se chargent de molécules terreuses , les charrient à travers les fissures ou les pores des pierres. Une partie de l'eau venant à s'évaporer , les molécules se rapprochent , les parties supérieures se consolident et forment le contour du tube de la stalactite.

Il paraît que tous les naturalistes ne conviennent pas de la manière dont les stalactites sont formées. Patrin , recommandable par sa science , pense , avec le célèbre Tournefort , qu'elles sont formées , non par la juxta-position des parties , mais par un mode d'accroissement analogue à celui des végétaux (1). Dans leur état naturel , les stalactites sont des cônes dont la base est adhérente aux voûtes des cavernes ou grottes souterraines. Le canal intérieur qu'elles ont est susceptible de laisser couler l'eau qui se rend à leur base ; au bout d'un laps de temps , elles grossissent et se trouvent formées de couches concentriques. Comment est-il possible , dit Patrin , que les stalactites grossissent , si elles ne sont pas formées à la manière des végétaux ? S'il en était autrement , elles devraient seulement alonger , sans augmenter de grosseur , puisque l'eau se trouve toujours à l'extrémité de leur tube intérieur , et que leur surface , d'après le rapport de beaucoup de naturalistes , n'est pas humide. Je ne conviendrai pas que la surface des stalactites soit toujours sèche , j'ai observé beaucoup de ces corps qui étaient humides dans toutes leurs parties ; mais on ne peut faire cette remarque que sur les stalactites qui se forment journellement. Ce qui prouve

(1). Histoire naturelle des minéraux, t. 3.

que les stalactites observées par Patrin ne travaillaient plus surement , parce que les pores qui conduisaient l'eau étaient bouchés par une succession de molécules pierreuses.

Quand on prouverait que l'eau ne coule pas extérieurement de la voûte sur les parois des stalactites , on pourrait rendre raison de leur formation par la simple juxtaposition des parties. On sait qu'en vertu de la loi des tubes capillaires , lorsqu'on fait cristalliser un sel , il peut s'élever le long du vase dans lequel on a mis sa dissolution , et qu'il passe même par-dessus. Cela posé , ne peut-il pas se faire que l'eau , chargée de molécules pierreuses , étant parvenue à l'extrémité du tube de la stalactite , ne peut-il pas arriver , dis-je , que les molécules remontent le long de la stalactite et qu'elles aillent former les couches extérieures en vertu de la même loi ? Ce qui sera bien plus simple que de croire à la végétation des pierres , à moins que les partisans des minéraux végétans ne fassent rentrer la cristallisation ascendante des sels dans l'ordre de la végétation.

STALAGMITE. Ce sont les concrétions pierreuses qui se forment sur le sol par les gouttes d'eau chargées de substances terreuses qui se déposent. On doit leur donner le nom de stalactites ; car elles sont peu différentes et ne peuvent même être distinguées lorsqu'on les a enlevées du sol.

STÉATITE, de Στεατος , pierre grasse. Dénomination de certaines espèces de talc, qui sont tendres , douces et onctueuses au toucher , qui deviennent luisantes comme le savon , lorsqu'on les frotte avec les doigts.

STRATIFORME. Substances formées *stratum super stratum* , ou par couches plus ou moins sensibles les unes sur les autres ;

quelquefois la teinte de ces diverses couches est de différentes couleurs.

STRIÉ. On appelle corps striés ceux dont la surface est couverte de petites lignes, ou ceux dont les fibres sont si rapprochées qu'elles ne paraissent que des lignes. Le quartz a des stries transversales sur ses cristaux, tandis que celles de l'éméraude sont longitudinales.

STRONTIANE. C'est une terre alcaline, appelée ainsi d'un lieu de l'Ecosse, où elle a été trouvée. Elle est combinée avec l'acide sulfurique ou l'acide carboniqne. On l'avait regardée comme une variété de la baryte carbonatée ; cependant on lui a reconnu des propriétés tout-à-fait différentes. Cette terre est toujours à l'état de combinaison ; mais on l'obtient pure par la calcination de son carbonate, ou par la décomposition de son sulfate, d'une manière analogue à celle de la baryte sulfatée. Cette terre, pure, est grise ou bleuâtre, s'unit au soufre, se dissout dans la moitié de son poids d'eau chaude et le tiers d'eau froide. Si on la dissout dans l'eau chaude, et qu'on la laisse refroidir, elle cristallise.

STRUCTURE. C'est l'organisation d'un corps, ou la manière dont les molécules qui le composent sont rangées. (*Voyez* CASSURE.)

STYPTIQUE, de Στοπτιμα. C'est une saveur que donnent certaines substances. On la distingue en ce qu'elle resserre les

parties sur lesquels on pose les corps qui sont styptiques. (*Voyez* SAVEUR.)

SUBDITISQUE. C'est un cristal qui a, parmi ses facettes rangées autour de chaque base, deux autres facettes, surmontées chacune d'une nouvelle facette, qui indique le commencement d'une seconde rangée.

SULFATE. Ce sont les substances unies à l'acide sulfurique, qui prennent cette dénomination.

SULFURE. Substances unies et combinées au soufre. Telles sont les pyrites de fer, de cuivre, etc.

SURABONDANT. Cristal dont quatre angles solides sont interceptés par une facette, et les quatre autres le sont par quatre facettes chacun.

SURBAISSÉ. C'est un cristal dont le pan est surmonté de deux sommets qui s'aplatissent, et dont les faces sont très-proches d'être confondues, ne faisant entr'elles que des angles extrèmement obtus.

SURCOMPOSÉ. C'est une forme de cristal très-composé, et que l'on doit analyser d'abord avant de pouvoir le rapporter à sa véritable place en déterminant sa forme primitive.

SYNOPTIQUE. C'est un cristal qui rassemble en lui la plupart des lois de décroissance auxquelles sont sujets les cristaux qui se trouvent dans la même espèce.

T

TANTALITE. C'est un nouveau métal, qui a reçu ce nom par allusion à la fable de Tantale, parce qu'il nage dans les acides sans que ceux-ci puissent l'attaquer. Il a été découvert par le chimiste suédois Ekeberg, dans un minéral trouvé dans une montagne du gouvernement d'Abo, près de la mer Caspienne, dans la Finlande, où il est sous la forme de grenat, dans une gangue de quartz blanc, de mica et de feld - spath.

TENACITÉ. C'est la résistance qu'un corps offre sans se rompre, étant attaché à un point et tiré par l'autre. Elle n'appartient dans les minéraux qu'à certains métaux qui jouissent de la ductilité et de la malléabilité.

TERNAIRE. C'est un cristal qui subit un décroissement par trois rangées.

TERRE. On donne ce nom à toute substance qui, quand elle est pure, est peu sapide, ou même insipide, aride, peu altérable au feu sans union, et est presque insoluble dans l'eau.

TESTACÉ. Substance dont le tissu est formé d'écailles convexes d'un côté et concaves de l'autre, qu'on a comparée à une coquille.

TÉTRAÈDRE. Cette forme de cristal se présente comme secondaire en pyramide ou prisme quadrangulaire.

TÉTRAGRAMME. Cristal formé de deux rhombes distincts qui sont circonscrits l'un dans l'autre, et dont quatre lignes noirâtres, partant des angles du rhombe intérieur, vont se terminer aux angles du rhombe extérieur.

TÉTRAHEXAÈDRE. C'est un cristal qui est composé de quatre rangs de facettes, disposées six à six les unes au-dessus des autres.

TOPAZE, du grec ταυπασιον. C'est une pierre gemme, dont le nom veut dire chercher une chose, parce que l'île où elle se trouvait était nébuleuse, et les navigateurs ne la trouvaient qu'avec difficulté. On a donné le nom de topaze à une pierre jaune, quoique celle appelée ainsi par les anciens fût verte.

TRANSLUCIDE, qui laisse passer la lumière. On donne cette dénomination aux corps qui ne laissent point paraître la forme des objets, lorsqu'on les regarde en les interposant entre l'œil et l'objet, mais seulement lorsqu'on voit passer la lumière, comme dans la porcelaine.

TRANSPARENT, paraissant au travers. C'est lorsqu'un corps laisse paraître distinctement un objet, soit qu'il soit vu simple ou double, ce qui tient à une autre cause expliquée à l'article RÉFRACTION DOUBLE. Le cristal d'Islande fait paraître les objets doubles, tandis que le quartz les fait paraître simples.

TRANSPOSÉ. C'est un cristal, tel, par exemple, un octaèdre, dont une moitié semble avoir tourné sur l'autre d'une certaine quantité.

TRAPÉZIEN. Cristal composé de surfaces latérales en trapèze, situées sur deux rangs entre deux bases.

TRAPÉZOIDAL. C'est un cristal dont la surface est composée de vingt-quatre trapèzes égaux et semblables.

TRIACONTAÈDRE. Cristal dont la surface est composée de trente rhombes.

TRIDODÉCAÈDRE. Cristal hexaèdre, dont tous les angles sont interceptés par une facette.

TRIÉMARGINÉ. Cristal dont les angles ou arêtes sont interceptées chacune par trois facettes.

TRIÉPOINTÉ. C'est lorsque chaque angle solide d'un cristal est intercepté par trois facettes.

TRIFORME. C'est un cristal qui renferme une combinaison de trois formes particulières. Telle est l'alumine sulfatée triforme, qui est dérivée de l'octaèdre régulier, du dodécaèdre rhomboïdal et du cube.

TRIGLYPHE. Ce sont des cristaux dont les stries considérées sur trois faces réunies autour d'un angle solide, sont dans trois directions différentes et perpendiculaires entr'elles.

TRIHEXAÈDRE. Cristal dont la surface est composée de trois rangs de facettes, disposées sis à six les unes au‑dessus des autres.

TRIOCTAÈDRE. Cristal composé de trois rangs de facettes , disposées huit à huit les unes au‑dessus des autres.

TRIPLE. Cristaux réunis au nombre de trois , qui semblent n'en faire qu'un.

TRIRHOMBOIDAL , pris dans le même sens que birhomboidal. C'est lorsqu'une sur‑ face est composée de douze faces , qui étant prises six à six et prolongées par la pensée , formeraient trois rhomboïdes dif‑ férens.

TRIUNITAIRE. C'est un cristal qui subit trois décroissemens par une rangée.

TUBERCULE. Corps rempli de trous ou cellules.

U

UNIBINAIRE. Cristal qui subit deux dé‑ croissemens , l'un par une rangée , et l'autre par deux.

UNITAIRE. Cristal ne subissant qu'un seul décroissement par une rangée.

UNITERNAIRE. Cristal subissant un décroissement par une rangée , et l'autre par trois.

URANE , υρανια. Comme quelques métaux avaient reçu le nom de certaines planètes , que l'or avait été appelé soleil , l'argent lune , on a consacré de même le nom de la nouvelle planète appelée Uranus , à ce métal , découvert en 1789 par le savant chimiste Klaproth.

V

VITRIFICATION. C'est l'état d'un corps qui , après avoir éprouvé la fusion , est réduit en substance plus ou moins transpa‑ rente ou fragile. Il est des minéraux qui se vitrifient au chalumeau , les uns par le moyen de fondans , et les autres sans aucun mélange.

VITRIOL , arabe. On appelait ainsi les métaux qui s'unissaient ou se combinaient à l'acide sulfurique , vulgairement appelé huile de vitriol. Ces corps ont maintenant reçu le nom de sulfates.

VOLCAN , ainsi nommé de Vulcain , qui passait pour le dieu du feu. Ce sont des montagnes dans lesquelles sont des gou‑ fres qui vomissent des torrens de flamme , de fumée et de matières qui paraissent fondues. Ces embrasemens sont quelquefois si considérables , que ces matières fondues détruisent des villes , consument des fo‑ rêts , et couvrent les campagnes de cent et cent cinquante pieds d'épaisseur. L'ac‑ tion de ces feux souterrains est si forte , qu'elle produit des secousses capables d'ébranler la terre à des distances de qua‑ rante à cinquante lieues, de renverser des villes et de bouleverser des montagnes.

Les premiers signes qui annoncent une éruption prochaine , sont des bruits et des mugissemens souterrains ; peu après , la fu‑ mée s'élève continuellement de la bouche de la montagne volcanique ; elle forme à‑ peu‑près un arbre dont le sommet se perd dans les nues , et dont le tronc est du dia‑

mètre de la bouche du volcan. Lorsque cette fumée a été dissipée et transportée par le vent, on voit des cendres et des pierres enflammées qui sont jetées en divergeant, et qui tombent dans la bouche de la montagne, ou roulent sur sa croupe. Mais bientôt l'éruption est à son plus grand degré d'activité, le cratère du volcan se remplit d'une matière brûlante, liquide et ressemblant à un métal au plus fort de sa fusion ; elle commence à couler sur la croupe de la montagne, et ressemble à un fleuve rapide qui descend dans les campagnes, couvre plusieurs lieues de pays, renverse les arbres, les maisons. Quelquefois les montagnes s'ouvrent sur le côté par l'effort que fait la matière fondue pour sortir, l'ouverture du cratère étant bouchée par des masses trop considérables pour être soulevées et rejetées en dehors.

Les volcans les plus connus sont le mont Vésuve, près de Naples ; le mont Gibel ou Etna, en Sicile ; le mont Hécla, en Islande ; le volcan de Ternate ; celui de Ganapi, dans une des Barbades ; les volcans du Japon, des Cordilières. La France renferme des volcans éteints, dont l'époque des éruptions n'a jamais été connue. Tels sont ceux de l'Auvergne et du Vivarais, du Forez et de la Provence.

On a cherché à donner l'explication de la formation des volcans ; on a formé une multitude d'hypothèses plus brillantes que solides, plus ingénieuses que vraies. Celle de Patrin (1) est certainement la plus parfaite de toutes celles qui ont été proposées ; elle joint, rapproche, lie avec plus de vraisemblance les phénomènes ayant rapport aux volcans. Cet auteur, recom-

____

(1) Histoire naturelle des minéraux, t. 5.

mandable par ses connaissances, a su rassembler différens faits épars et s'en est servi avec avantage, aidé des lumières de la chimie, pour former l'ensemble de sa théorie, qui, à des idées tout-à-fait neuves, joint une justesse que l'on ne saurait mettre en défaut en beaucoup d'endroits. Mais, malgré cela, elle n'est pas entièrement exempte d'erreurs ; et la modestie, qui convient si bien aux hommes savans, a fait dire au citoyen Patrin qu'il pouvait avoir avancé quelques assertions que l'on pourrait réfuter par la suite, ne prétendant point à l'infaillibilité. Quoi qu'il en soit, il a toujours ouvert une nouvelle carrière qui pourra conduire par la suite à découvrir le secret de la nature sur les étonnans phénomènes que présentent les volcans ; phénomènes qui de tout temps ont fait l'admiration des hommes, et dont jamais ils n'ont pu se faire une idée exacte.

Pour que l'on soit dans le cas de juger du mérite de la théorie de Patrin, je vais parler succinctement des opinions qu'on a eues avant lui sur les causes productrices des volcans.

On avait cru, et tel était à-peu-près le sentiment de Pline le naturaliste, que les mines de charbon de terre donnaient naissance aux volcans, soit qu'elles eussent été enflammées par la foudre ou par un autre moyen quelconque. Mais l'existence de mines de charbon de terre actuellement en ignition prouve assez, par la différence des paroxismes, qu'elles n'y ont aucune part ; elles brûlent sans causer de mouvement très-sensible et sans former d'éruptions. Quand les mines de charbon ont brûlé dans quelques parties, la terre qui les couvrait se trouve n'avoir rien pour la soutenir ; alors elle s'affaisse, ce qui n'arrive pas aux volcans.

Une preuve de plus confirmera que les volcans ne peuvent pas être produits par le charbon de terre ; c'est qu'on ne le trouve point dans les terrains primitifs où sont toujours placés les volcans. Quelle quantité immense, d'ailleurs, n'en faudrait-il pas supposer pour alimenter des feux qui durent depuis des siècles!

On a cru encore, et ce fut l'opinion du Pline français, du célèbre Buffon, que la décomposition des pyrites produisait ce phénomène. Elles attirent l'humidité de l'air, se décomposent; il y a absorption d'oxigène, formation d'acide sulfurique, dégagement de calorique, et par conséquent inflammation et dégagement de lumière. Des expériences répétées en petit semblaient venir à l'appui de ce sentiment.

Si l'on s'arrête à cette explication, qui est très-ingénieuse, on sera obligé de supposer des masses considérables de pyrites ou sulfures dans le sein des montagnes et à leurs bases. On sait qu'elles y sont très-communes, mais non en quantités aussi grandes que la formation des volcans semble exiger, comme j'aurai encore l'occasion de le prouver.

Il est maintenant quelques physiciens, chimistes et naturalistes, qui croient que les bitumes, les pyrites et l'eau sont les principaux agens que la nature emploie pour la formation des volcans. Ils imaginent que les volcans se trouvant assez souvent près de la mer, l'eau pénètre jusqu'à leur base; comme il y a beaucoup de pyrites, elles décomposent cette eau, en attirent l'oxigène, qui forme avec leur soufre de l'acide sulfurique ou sulfureux, avec dégagement d'une forte chaleur ; le gaz hydrogène, qui reste après la décomposition de l'eau, s'enflamme ; d'autre eau qui survient est mise en expension et passe à l'état de vapeur ; il y a aussi formation d'acide car-

bonique. Tous ces gaz enflammés font effort pour sortir ; ils mettent en incandescence les substances qui se trouvent dans l'intérieur du volcan, ce qui forme les matières qui sont lancées au-dehors.

Je pourrais réfuter cette théorie dans beaucoup de ses points ; mais je me contenterai de demander encore où prendre des pyrites en assez grande quantité pour fournir aux éruptions répétées des volcans.

Voici maintenant le précis de la théorie de Patrin, d'après laquelle les gaz seuls sont les agens qui produisent tous les phénomènes volcaniques.

Il suppose, 1.º que le noyau de la terre, étant de granit, est recouvert par des couches schisteuses primitives, qui alternent souvent avec les couches de granit;

2.º Que ces schistes, composés de feuillets parallèles entr'eux, s'étendent depuis les montagnes des continens jusque dans les profondeurs de la mer, où elles forment des montagnes semblables ;

3.º Que ces schistes ont éprouvé des déchiremens partiels ;

4.º Que ces déchiremens donnent à l'acide muriatique, qui se forme journellement à la surface de la mer, la facilité de pénétrer entre ces feuillets, parce que sa pesanteur spécifique est plus considérable que celle de l'eau ; ce qui fait qu'il se précipite au fond, où il est absorbé par les fissures des schistes ;

5.º Que les sels doivent entrer dans la formation des volcans (1);

____

(1) Patrin cite pour exemple les sels qui sont apportés dans la Méditerranée par le détroit de Gibraltar, et qui auraient comblé le bassin de cette mer, depuis tant de siècles qu'ils y arrivent, si les volcans des Deux-Siciles n'en opéraient la décomposition.

6.º Que cet acide muriatique, fût-il engagé dans une base alcaline ou terreuse, l'acide sulfurique qui abonde dans les schistes l'en aurait bientôt débarrassé ;

7.º Que ces schistes contiennent, outre l'acide sulfurique libre, des sulfures métalliques, des sulfates, des oxides et beaucoup de charbon ;

8.º Que l'acide muriatique, parvenu, de la manière indiquée article 4, entre les feuillets des schistes, dépouille les oxides métalliques de leur oxigène et devient acide muriatique oxigéné ;

9.º Que de nouvel oxigène, attiré sans cesse de l'atmosphère à travers l'eau, soit par l'argile, soit par les métaux, se combine avec eux ;

10.º Que de nouvel acide muriatique vient successivement les en dépouiller, à mesure qu'ils se combinent de nouveau avec l'oxigène ;

11.º Que cet acide s'étendant au loin, entre les feuillets des schistes, rencontre de toutes parts des sulfures de fer qu'il décompose avec violence ;

12.º Qu'il y a alors dégagement de calorique, formation d'acide sulfurique par la combustion du soufre des pyrites ;

13.º Qu'il y a décomposition d'eau par l'intermède du charbon ;

14.º Qu'une partie de l'hydrogène obtenu par cette décomposition, combinée avec du charbon et de l'oxigène, forme de l'huile, qui elle-même, combinée avec l'acide sulfurique, s'oxigène et forme le pétrole et les bitumes qu'on rencontre près des volcans ;

15.º Que l'hydrogène ayant la propriété d'être enflammé par le gaz acide muriatique, il y en a une partie d'enflammée ;

16.º Que le pétrole, réduit en gaz, alimente encore les éruptions volcaniques par son inflammation ; -

17.º Que le fluide électrique, attiré par le fer que renferment les schistes, vient animer l'incendie et modifier les substances volcaniques ;

18.º Que ce fluide électrique est fourni par les trombes, qui sont la communication établie entre les nuées électriques et les schistes ferrugineux.

19.º Il suppose enfin que ce même fluide, trouvant entre les feuillets des schistes des corps isolés par les bitumes, éprouve des détonnations multipliées qui renouvellent l'inflammation de l'hydrogène et des autres gaz, qui ne cessent de se dégager de la manière indiquée articles 14, 15, 16, etc.

Je vais maintenant faire part de quelques objections que l'on peut opposer à cette théorie ; je les présenterai, non pour déprécier le mérite de l'auteur, ni pour m'ériger en censeur, mais pour voir si les doutes, que l'on peut élever sur la régularité et l'exactitude de cette théorie sont fondés.

Nous avons vu la manière dont s'opérait l'inflammation des volcans ; mais où sont les matériaux des laves ? Patrin prétend prouver qu'elles sont dues à l'oxigène fixé par certains gaz ou fluides. Il cherche d'abord l'origine du soufre, que l'on voit si communément dans les laves. Il pense la trouver dans le fluide électrique, devenu concret de la même manière que l'on voit le gaz carbonique se fixer sous la forme de diamant.

Le phosphore, à ses yeux, n'est qu'une modification du fluide électrique ; il s'appuie de l'odeur de phosphore que répand ce fluide. En admettant la présence de ce corps, étant un de ceux qui absorbent le plus d'oxigène solide, il lui attribuerait la propriété de fixer ce gaz, ainsi que l'azot, l'hydrogène et le carbone pour former la chaux ; ce qui donnerait l'explication de la formation de la chaux carbonatée que l'on rencontre fréquemment aux environs du Vésuve, et qui a été jetée par ce volcan. Pour produire enfin les laves, le phosphore, l'oxigène et un principe métallique, formeraient, par leurs différentes combinaisons, toutes les terres qui entrent dans la formation des laves.

L'oxigène est employé aussi, d'après l'auteur, en grande quantité dans la formation des éjections volcaniques, et est produit par la décomposition de l'eau, au moyen des détonnations du fluide électrique et de l'inflammation du pétrole. D'après Patrin, le fer que l'on a découvert par l'analyse dans les laves, est dû à un fluide métallique répandu dans l'atmosphère, et qui se trouve par conséquent dans les volcans (1).

Toutes les assertions qu'énonce l'auteur de ce nouveau système, sont autant d'idées qui lui sont particulières; elles paraissent extraordinaires; car, avant lui, personne ne s'était avisé de croire que le fluide électrique pût prendre une forme concrète. A tous ces raisonnemens, que peut-on objecter? Patrin ne s'appuyant que de probabilités, leur en opposer d'autres pour les combattre, ce serait embrouiller le peu de connaissances exactes que l'on a sur cette matière.

Je ne m'attacherai donc qu'à réfuter la manière dont les gaz se forment et arrivent au foyer des volcans.

On a vu, dans l'ensemble de la théorie qui vient d'être présentée, que tous les gaz ne sont mis en action que pour donner

____

(1) On peut voir la théorie complète de ce fluide, dans le t. 5, p. 240 de son Histoire naturelle des minéraux.

un moyen d'expliquer la formation des laves; car notre auteur ne prétend pas que la matière en est tirée du sein de la montagne où se trouve le volcan, comme dans l'ancienne hypothèse Ray l'avait avancé; car alors il faudrait que le feu, après avoir fondu et rejeté sous la forme de laves, pierres-ponces, verre, etc., les matières qui formaient les parois des volcans, il faudrait, dis-je, qu'il y eût d'autres corps environnans pour fournir aux éjections continuelles, et depuis long-temps surement le Vésuve, l'Etna et l'Hécla, trois volcans considérables de l'Europe, auraient cessé leurs éjections. En supposant, par exemple, que ce soit des pyrites qui se trouvent dans ces volcans et qui les entretiennent, leur quantité doit diminuer peu-à-peu; les paroxismes volcaniques seront plus rares, moins considérables; la base de la montagne doit finir par être détruite et s'abymer dans la cavité formée par le feu qu'elle contenait dans son sein, puisqu'elle n'aura plus de base pour se soutenir. Il faudra, d'après cela, concevoir des vides immenses sous les volcans actuellement en activité, être dans l'attente de les voir s'engloutir avec une étendue considérable de pays environnans. Pour réfuter cette opinion, il suffit de faire voir, d'après l'observation de Buffon, que les cratères des volcans ne sont point très-profonds, puisqu'il en est plusieurs qui se sont remplis des eaux de pluie et ont formé des lacs dans les montagnes qui renfermaient des volcans qui depuis des siècles ne sont plus en activité. Il est vrai que les partisans des goufres volcaniques pourraient s'appuyer d'un exemple très-remarquable; c'est la disparition de l'île Sorat, l'une des Moluques. Elle était formée par une montagne de sept lieues de circonférence, dont le sommet était l'ouverture d'un volcan considérable, qui en causa l'engloutissement par sa dernière éruption en 1693.

D'après tout ce qu'on vient de voir, il ne faut pas chercher l'origine des laves dans la substance même de la montagne, mais dans la fixation de l'oxigène, ou bien convenir tout simplement de notre ignorance, et de l'impossibilité où l'on est d'assigner une cause bien connue aux phénomènes volcaniques.

D'après la théorie de Patrin, tous les fluides qui concourent à entretenir le feu des volcans doivent continuellement être en action ; de même il faudrait que les éruptions fussent continuelles, ce qui n'est pas, car on en voit dont les éruptions sont très-éloignées les unes des autres. Qu'arrive-t-il donc ? Imaginera-t-on que l'oxigène et les autres gaz, avant d'arriver aux volcans, rencontrent des cavernes où ils sont retenus jusqu'à ce que ces mêmes cavernes soient remplies, et qu'alors étant obligés de laisser échapper les gaz qui surabondent, il y a éruption ? Je ne le crois pas ; car on retomberait dans le défaut qu'on a voulu éviter d'un autre côté, c'est-à-dire dans la supposition de cavernes souterraines, qui devraient être d'une grande capacité pour contenir la quantité de gaz que l'on pense être l'aliment des volcans.

Si l'on supprime ces cavernes, où veut-on donc que les gaz se tiennent pendant l'intervalle des éruptions ? Il faudrait suspendre nécessairement l'action des causes premières, ce qui est de toute impossibilité, d'après l'énoncé de la théorie. Mais, sans nous arrêter à cette difficulté, revenons à la manière dont les gaz agissent dans l'action de l'embrasement volcanique ; supposons-les arrivés au foyer du volcan, et voyons comment ils s'y comportent.

Le gaz oxigène, d'après Patrin, est fixé en partie sous forme solide ; le surplus

entre dans la formation des bitumes, ainsi que dans celle de l'eau, qui est formée d'hydrogène et d'oxigène combinés par la combustion. Je demande s'il est possible qu'un gaz se divise pour former des combinaisons aussi différentes ? C'est cependant ce que voudrait prouver notre auteur, en expliquant la formation de l'eau qui coule de la montagne du Stromboli, volcan des îles Lipari, par la combinaison de l'oxigène et de l'hydrogène. L'eau qui sort du Stromboli coule sur un lit de laves et semble sortir du centre de la montagne. Tel est l'abus que l'on fait des découvertes modernes : on veut expliquer tout par leur moyen, et l'on aime mieux donner une mauvaise raison que de convenir qu'un fait est produit par une cause qui nous est inconnue. Sans aller chercher là l'origine de l'eau qui s'échappe du Stromboli, ne se peut-il pas faire qu'elle soit due à la même cause que celle qu'on assigne aux fontaines qui se trouvent sur les collines élevées, ou même sur les montagnes ? Mais, en admettant que cette eau est formée par la combinaison de l'oxigène et de l'hydrogène, il faudra supposer un réservoir dans l'intérieur du volcan, pour que l'eau s'y rende à mesure qu'elle se formera ; et, en supposant qu'il s'en forme, elle doit retomber sur le foyer du volcan, où elle est réduite en vapeurs, et alors elle ne pourra former de fontaines, ni se rendre dans un réservoir particulier.

Venons à l'article 4, où il est dit que l'acide muriatique qui se forme à la surface de la mer, se précipite au fond et pénètre les schistes. Si l'on fait attention que l'acide muriatique est soluble dans l'eau, alors on verra qu'étant plus étendu, il perd sa force, et que, pénétrant dans les schistes, il n'a plus assez d'intensité pour agir sur les oxides qui s'y trouvent, et qu'il peut se suroxigéner. Si on le fait pénétrer en combinaison avec la soude, tenue en dissolution par l'eau de la mer, il y aura même inconvénient, parce que l'acide sulfurique qu'on suppose exister dans les schistes, se trouvera affaibli et ne pourra en conséquence dégager l'acide muriatique de sa combinaison avec la soude. D'ailleurs est-il présumable que l'acide sulfurique reste isolé dans les schistes, et qu'il ne trouve point de substance pour se combiner ? on ne doit pas le croire.

Patrin, dans sa théorie, emploie l'intermède des sulfures ; il dit (art. 10, 11, 12,) « que de nouvel acide muriatique vient » successivement les en dépouiller [les métaux de leur oxigène] à mesure qu'ils se » combinent de nouveau ; que cet acide » muriatique s'étendant au loin entre les » feuillets des schistes, rencontre de toutes » parts des sulfures de fer, qu'il décom-» pose avec violence ; qu'il y a alors » dégagement de calorique, formation d'a-» cide sulfurique par la combustion du » soufre des pyrites. »

On voit qu'il tombe dans l'inconvénient qu'on a reproché aux théories qui fondent la formation des volcans sur la décomposition des pyrites ou sulfures. Il faut supposer une quantité considérable de pyrites pour entretenir ce jeu continuel dans la formation des gaz. Les premières pyrites une fois décomposées, qu'est-ce qui les renouvelle ? Je crois qu'il est difficile de parer à cet inconvénient.

Quand à l'existence des schistes, qui sont le premier laboratoire que Patrin emploie pour opérer la formation des gaz, on peut en douter jusqu'à un certain point.

On sait que ces couches sont très-nombreuses dans les granites ; mais on ne doit pas en conclure qu'elles vont former des

montagnes sous la mer. Le fait suivant peut venir à l'appui du contraire.

On a cherché à connaître quel pouvait être le noyau de la terre, et pour avoir là-dessus quelques données certaines, des physiciens et des naturalistes ont fait aller des plongeurs à la profondeur de deux ou trois cents pieds dans la mer. Ils étaient chargés de détacher des fragmens du rocher lui servant de fond ; les expériences, répétées en différens parages, ont démontré que c'était toujours le granite qui lui servait de lit, et on n'a pas ouï dire qu'ils eussent rapporté des schistes.

Si l'on parvient à prouver, comme les faits précédens tendent à le faire croire, que les schistes ne forment point de montagnes sous la mer, la théorie, par cette seule objection, sera totalement réfutée ; car, si l'on supprime le premier laboratoire où la nature est supposée préparer les alimens des volcans, alors il ne pourra rien être produit ; toute la chaîne théorique est interrompue, et rien ne parviendra au foyer des volcans, à moins que l'on n'imagine ces couches placées entre les granites et formant des espèces de tuyaux de communication ; mais il faut supposer qu'il y ait quelques parties saillantes qui puissent communiquer à l'eau du fond de la mer. Ces moyens seraient bien faibles pour expliquer d'aussi grands effets ! Car alors les schistes ne présentant que peu de surface, il ne s'élaborerait pas assez de gaz pour entrenir le feu terrible et si fréquent des volcans.

Dans sa théorie, Patrin n'a point cherché à résoudre deux questions intéressantes ; c'est de savoir pourquoi les volcans ne se trouvent que dans les montagnes, et comment ils s'y sont formés. Buffon en avait donné une explication relative à son hypothèse sur les volcans, mais qui ne peut s'adapter à cella de Patrin. Il est étonnant qu'elles aient échappé à cet auteur, vu l'intérêt qu'aurait présenté le développement qu'elles eussent nécessité. A-t-il connu la difficulté d'en donner une explication? Cela peut être; mais c'est une perfection de moins à sa théorie.

Ce qui vient d'être dit se réduit à vouloir prouver,

1.º Que les moyens employés pour faire arriver les gaz près des volcans sont insuffisans;

2.º Que les pierres-ponces ne sont pas produites par la surabondance du fluide électrique;

3.º Que l'eau qui sort de quelques montagnes volcaniques ne peut être produite par les volcans;

4.º Que l'acide muriatique ne peut agir dans les schistes pour attaquer les différens corps qui s'y trouvent;

5.º Que les pyrites ne doivent pas être un moyen intermédiaire pour la production des gaz qui alimentent les volcans;

6.º Que les schistes ne peuvent être le laboratoire où ces gaz sont préparés, vu que leur existence n'est pas entièrement prouvée.

Malgré cela, il faut convenir que les gaz jouent un grand rôle dans le phénomène des volcans. Mais qui les produit? par

quels moyens arrivent-ils? Ce sont des problèmes qui n'ont pas été et ne seront peut-être pas résolus de si-tôt.

Il serait à désirer, pour le bien et le progrès des sciences, que toutes les objections avancées fussent réfutées par des preuves et des raisonnemens solides; car alors on pourrait avoir des données exactes sur les volcans; mais, tant qu'on n'établira ses connaissances que sur des systèmes qui peuvent être réfutés en quelques-uns de leurs points, il ne faut pas croire tenir le fil qui conduit dans ce labyrinthe. Peut-être quelque jour verra-t-on percer la lumière à travers cette obscurité. Attendons tout du temps et des nouvelles observations.

Je me suis étendu sur cet article des volcans, parce que, plus la théorie de Patrin était brillante et bien liée, plus il était difficile à un élève de pouvoir distinguer les endroits qui en sont faibles; et plus par conséquent il était nécessaire de l'éclairer, afin qu'il ne regardât pas comme expliqué un phénomène sur lequel la plupart des naturalistes ont des opinions différentes; et en rendant justice à la beauté de l'ensemble de la théorie de Patrin, et au vaste génie qui a su réunir une telle multitude de faits, on conviendra qu'il n'a pas trouvé l'énigme cherchée.

X

XYLOIDE, pseudomorphose de bois. C'est un morceau de bois dont les molécules détruites ont été remplacées par celles du quartz agate, ou celles de la chaux carbonatée, et qui représente absolument un tissu ligneux.

Y

YTTRIA. L'yttria a tiré son nom de celui d'Ytterby, donné à la pierre dont on l'extrait, d'après le lieu où on l'a trouvée. On l'obtient en analysant l'ytterby ou gadolinite, pierre composée, d'après Ekeberg, du tantalite, nouveau métal, et de l'yttria. Cette terre pure est sous la forme de poussière blanchâtre ; elle est insipide, inodore, infusible, n'est pas soluble dans la potasse caustique, se précipite en un sel astrigent et doux. Unie à l'acide sulfurique, avec l'acide nitrique, elle donne un sel non déliquescent et non cristallisable, qui se ramollit au feu, durcit en se refroidissant, et devient cassant.

Z

ZÉOLITE, Ζεω, échauffer. On appelait ainsi ces pierres, parce qu'on croyait qu'elles venaient toutes des volcans et qu'elles ne se trouvaient pas ailleurs ; mais différentes montagnes en fournissent.

ZIRCONE, mot chinois désignant une terre qui a pris son nom d'une pierre qui s'appelle de même. On la retire encore des hyacinthes. La zircone pure est blanche, sans saveur, inodore, sous la forme de poussière fine blanchâtre, un peu douce en la frottant sous les doigts ; elle est insoluble, ou ne forme qu'une gelée transparente.

ZONAIRE. C'est un cristal dont la partie moyenne est entourée d'un rang de facettes qui forment une zône.

ABRÉVIATIONS

Employées dans le cours de cet Ouvrage.

Ac. . . Acide.
Alu. . . Alumine.
C.-à-d. C'est-à-dire.
Cal. . . Calcaire.
Carb. . Carbonate ou carbonique, s'il est
      précédé d'*acide.*
Ch. . . Chaux.
Crist. . Cristal, ou cristallisation.
E. . . . Eau.
Ex. . . Exemple.
F. p. . Forme primitive.
Glu. . . Glucine.
Mag. . Magnésie.
Mang. . Manganèse.
M. . . . Marbre.
M. in. . Molécule intégrante.
M. sous. Molécule soustractive.
Muri. . Muriatique.
Ni. . . Nitrique.

N. ch. . Nouvelle chimie.
Ox. . . Oxide.
P. sp. . Pesanteur spécifique.
Phosp . Phosphore.
P. . . . Pierre.
Réf. . . Réfraction.
Sch. . . Schorl.
Sil. . . Silice.
Sp. . . Spath.
Sul. . . Sulfurique.
Top. . . Topaze.
V. . . . Vulgairement. Cet abréviation s'en-
      tend aussi des noms qui ont été
      donnés par différens auteurs.

Nota. La molécule intégrante est semblable à la forme primitive, lorsqu'on n'en
parle pas, et qu'on a énoncé cette première.

DISTRIBUTION MÉTHODIQUE
DES MINÉRAUX,

Par Classes , Ordres , Genres , Espèces , Variétés, etc.

PREMIÈRE CLASSE.
SUBSTANCES ACIDIFÈRES,

Composées d'un acide uni à une terre ou à un alcali , et quelquefois aux deux.

Solubles dans l'eau ou l'acide nitrique. Fusibles à la flamme d'une simple bougie. Electriques par la chaleur, en plus de deux points opposés. Divisibles en octaèdre régulier , sans qu'elles puissent rayer le verre. Pesanteur spécifique au-dessus de 3,5.

PREMIER ORDRE.
Substances acidifères terreuses.

PREMIER GENRE.
CHAUX.

ESPÈCES.	VARIÉTÉS.	SOUS-VARIÉTÉS.
1.re *Espèce.* CHAUX CARBONATÉE.	Formes déterminables. (*v.* Spath calcaire.) *Combinaison une à une.* 1. Primitive. (*v.* Cristal d'Islande.) 2. Equiaxe.	

ESPÈCES.	VARIÉTÉS.	SOUS-VARIÉTÉS.
	3. Inverse. (*v.* Sp. c. muriat. ou strié.)	
	4. Métastatique.	Transposée.
	(*v.* Dent de cochon.)	
	5. Contrastante.	
	6. Mixte.	
	7. Cuboïde.	
	(*v.* Sp. c. cubique.)	
1.re Espèce.	*Combinaison 2 à 2.*	
Chaux carbonatée.		
(*v.* Carbonate de chaux,	8. Basée.	
Spath calcaire, Pierre cal-	9. Unitaire.	
caire.)	10. Prismée.	
	11. Binaire.	
Divisible en rhomboïdes.	12. Imitable.	
P. sp. 2,3 à 2,8. Rayant la	13. Birhomboïdale.	*a.* Alternante.
chaux sulfatée, rayée par la	14. Prismatique.	*b.* Comprimée.
fluatée. Réfraction double.	(en hexaèdre régulier.)	*c.* Evasée.
Quelques espèces sont phos-	15. Apophane.	*d.* Lamelliforme.
phorescentes par l'injection	16. Uniternaire.	
de leur poussière sur le feu.	17. Bisunitaire.	
F. pr. rhomboïde obtus.	18. Dodécaèdre.	Raccourcie.
Soluble dans l'acide nitri-	19. Contractée.	(*v.* Sp. c. en tête de clou.)
que, avec effervescence.	20. Dilatée.	
Réductible en chaux vive	21. Sexduodécimale.	
par la calcination.	22. Bisalterne, ...	*a.* Distante.
	23. Binoternaire.	*b.* Prismée.
Analyse de Bergmann.	*Combinaison 3 à 3.*	
Ch. . . . . 55.		
Aci. ca. . . . . 34.	24. Bibinaire.	
Eau de cris. . . . . . . 11.	25. Trirhomboïdale.	
——	26. Equivalente.	
100.	27. Persistante.	
	28. Hypéroxide.	
	29. Octoduodécimale.	
	30. Acutangle.	
	31. Péridodécaèdre.	*a.* Prismée.
	32. Analogique.	*b.* Distante.
	33. Rétrograde.	*c.* Prismée et distante.
	34. Soustractive.	

ESPÈCES.	VARIÉTÉS.	SOUS-VARIÉTÉS.
	35. Disjointe.	
	36. Zonaire.	
	37. Emoussée.	
	38. Progressive.	
	39. Paradoxale.	
	40. Complexe.	
	41. Ascendante.	
	Combinaison 4 à 4.	
	42. Triforme.	
	43. Délotique.	
	44. Doublante.	
	45. Continue.	
	46. Bigéminée.	
	Combinaison 5 à 5.	
	47. Surcomposée.	
2.ᵉ Espèce.		
CHAUX CARBONATÉE.	Accidens de lumière.	
	Couleurs.	
	1. Limpide.	
	2. Violette.	
	3. Rouge.	
	4. Rose pâle.	
	5. Orangée.	
	6. Jaunâtre.	
	7. Brune.	
	8. Vert sombre.	
	9. Blanchâtre.	
	10. Grise.	
	11. Noire.	
	Transparence.	
	12. Transparente.	
	13. Translucide.	
	14. Opaque.	

ESPÈCES.	VARIÉTÉS.	SOUS-VARIÉTÉS.
	Formes indéterminabl.	
	En cristaux irréguliers.	
	1. Lenticulaire. (*v.* Sp. lenticulaire.)	
	2. Spiculaire.	Sillonnée.
	3. Tetraèdre.	
	En masses.	
	4. Laminaire.	
	5. Fibreuse.	
	6. Lamellaire.	
	7. Saccaroïde. (*v.* Marbre statuaire.)	
1.ʳᵉ *Espèce.*	8. Compacte.	Dentritique. { *a.* Superficielle. (*v.*M.de Hesse.) { *b.* Profonde.
CHAUX CARBONATÉE.		*a.* Gros grain. (*ex.* P. d'Arcueil.)
	9. Grossière. . . :	*b.* Grain fin. (*ex.* P. de Tonnerre.)
	(*v.* Pierre à bâtir.)	
	10. Crayeuse. (*v.* Craie.)	
	11. Spongieuse. (*v.* Agaric minéral, Moelle de pierre.)	
	12. Pulvérulente. (*v.* Farine fossile.)	*a.* Fistulaire.
		b. Stratiforme.
	———	*c.* Tuberculeuse.
		d. Coralloïde. (*v.* Flos ferri.)
	Formes imitatives.	*e.* Géodique.
		f. Globuliforme.
	Concretionnée. . . . . . . (*v.* Stalactites, Stalagmites.)	(*v.* Pisolithes, Oolithes.)
		g. Incrustante.
		h. Pseudomorphique. (*v.* Pierre ou Chaux coquil- laire.)

APPENDICE.

CHAUX CARBONATÉE,

Unie à différentes substances, de manière à conserver sa structure, ou quelque autre de ses principaux caractères.

ESPÈCES.	VARIÉTÉS.	SOUS-VARIÉTÉS.
1.ʳᵉ Espèce. CHAUX CARBONATÉE.	1.º **Aluminifère.** (*v.* Dolomie.) P. sp. 2,85. Tissu granuleux, avec l'apparence plus ou moins feuilletée, sur-tout lorsqu'elle est mélangée de mica. Les grains sont peu cohérens. La blanche s'égrène plus facilement entre les doigts. La percussion rend sa phosphorescence sensible dans l'obscurité. Lente effervescence dans l'acide nitrique. *Analyse de Saussure fils.* Ch. . . . . 44,29. Al. . . . . 5,86. Mag. . . . . 1,40. Ox. de f. . . . . 0,74. Aci. c. . . . . 46,00. P. . . . . 1,71 ——— 100,00. 2.º **Ferrifère**, *avec manganèse.* (Ca. de fer. Mine de fer blanche, spathiq. P. sp. 3,672. Celle de la variété perlée est de 2,8376.	*Tissu.* Granuleuse. { *a.* Massive. { *b.* Feuilletée. *Couleurs.* 1. Blanche. 2. Grise. ——— Formes. *Déterminables.* 1. Primitive. 2. Equiaxe.

2

ESPÈCES.	VARIÉTÉS.	SOUS-VARIÉTÉS.
	Plus dure que la chaux carbonatée. Divisible en rhomboïde comme la chaux carbonatée. Se dissolvant légèrement et lentement dans l'acide nitrique. La variété blanche y jaunit. Un fragment devient attirable à l'aimant, après avoir subi l'action du chalumeau. Poussière blanche ou grise.	3. Inverse. 4. Contrastante. 5. Basée. 6. Dihexaèdre. *Indéterminables.* 7. Lenticulaire. 8. Contournée [Squamiforme 9. Laminaire. 10. Lamellaire. 11. Amorphe.
	Analyse de Bergmann. Ch. . . . . 38. Ox. de f. . . . . 38. Ox. de mang. . . . . . . 24. —— 100,	— Accidens de lumière. *Couleurs.* 1. Blanche. 2. Grise. 3. Jaune. 4. Brune.
1.re *Espèce.* CHAUX CARBONATÉE.	*Analyse de la variété perlée par Bertholet.* Ch. c. . . . . 96. Ox. de f. et mang. . . . 4. —— 100.	*Chatoiement.* 5. Perlée. (*v.* Spath perlé.)
	3.° Quartzifère. (*v.* Grès calcareoquartzeux.) P. sp. 2,6. Rayant le verre. Etincelant par le choc du briquet. Cassure grenue et écailleuse, brillante sous certains aspects. Surface extérieure d'un blanc grisâtre, et l'intérieur souvent d'un gris sombre. Divisible comme la précédente. Soluble en partie dans l'acide nitrique, avec effervescence.	Formes. 1. Inverse. (*v.* Grès de Fontainebleau.) 2. Concrétionnée. 3. Amorphe.

ESPÈCES.	VARIÉTÉS.	SOUS-VARIÉTÉS.
	4.º Magnésifère. (*v.* Spath magnésien.) Raie la chaux carbonatée. Division des précédentes. Est soluble lentement et sans effervescence dans l'acide nitrique. *Analyse de celle du Tyrol par Klaprot.* Ch. c. . . . . 52. Mag. . . . . 45. Ox. de f. et mang. . . . 3. ———— 100.	Formes. 1. Primitive. 2. Amorphe. ——— Accidens de lumière. *Couleurs.* 1. Blanchâtre. 2. Brunâtre. *Transparence.* 3. Transparente. 4. Translucide.
1.ʳᵉ *Espèce.* **Chaux carbonatée.**	**5.º Fétide.** (*v.* P. de porc.) Odeur semblable à celle des œufs pourris, quand on la frotte avec un corps dur. Couleur blanche ou grise. Isolée, elle acquiert l'électricité vitreuse. Elle est soluble dans l'acide nitriq., avec une vive effervescence. Elle perd son odeur exposée au chalumeau. **6.º Bituminifère.** (*ex* Marbre noir de Dinant et de Namur.) Par le frottement, elle acquiert l'électricité résineuse. L'action du feu développe son odeur bitumineuse. Sa couleur est noire. Soluble avec effervescence dans l'acide nitrique. A un feu violent elle perd son odeur de bitume, et devient blanche.	

ESPÈCES.	VARIÉTÉS.	SOUS-VARIÉTÉS.
2.ᵉ *Espèce*. **CHAUX PHOSPHATÉE.** (*n. ch.* Phosphate calcaire.) P. sp. 3,0989—3,2. Non étincelant sous le briquet. Ne rayant point, ou légèrement, le verre. Réfraction simple. La poussière des cristaux, excepté les variétés 6 et 7, injectée sur les charbons, devient phosphorique. F. p. le prisme hexaèdre régulier. M. in. le prisme triangulaire équilatéral. Soluble lentement et sans effervescence dans l'acide nitrique. Quelquefois la variété terreuse en excite une légère. Infusible au chalumeau. *Analyse de la variété 6, ou pyramidée, par Klaprot.* Ch. . . . . 55. Ac. ph. . . . . 45. ———— 100. *De la variété 10, par Vauquelin.* Ch. . . . . 54,28. Ac. ph. . . . . 45,72. ———— 100,00.	**Formes.** *Déterminables.* 1. Primitive. 2. Péridodécaèdre. 3. Annulaire. 4. Emarginée. 5. Unibinaire. 6. Pyramidée. . . . . 7. Didodécaèdre. *Indéterminables.* Tissu lamelleux. 8. Lamellaire. 9. Granuliforme. Tissu non lamelleux. 10. Terreuse. (*v.* Apatite.) ——— **Accidens de lumière.** *Couleurs.* 1. Limpide. 2. Violette. 3. Verdâtre. 4. Jaune-verdâtre. 5. Orangée. 6. Bleu-verdâtre. 7. Brunâtre. *Transparence.* 8. Transparente. 9. Translucide. 10. Opaque.	Cunéiforme. (*v.* Chrysolite.)

ESPÈCES.	VARIÉTÉS.	SOUS-VARIÉTÉS.
	Formes.	
	Déterminables.	
	1. Primitive.........	Cunéiforme.
	2. Cubique.	
	3. Dodécaèdre.	
	4. Cubooctaèdre.	
3.ᵉ *Espèce.*	5. Emarginée.	
	6. Cubododécaèdre.	
Chaux fluatée.	7. Bordée.	
(*v.*Spath fluor, ou vitreux.	8. Hexatétraèdre.	
n. ch. Fluate de chaux.)	9. Triforme.	
	10. Sphéroidale.	
Divisible en octaèdres ré-		
guliers.M.in. le tétraèdre ré-	*Indéterminables.*	
gulier. P.sp. 3,0943—3,1911.		
Rayant la chaux carbona-	11. Concrétionnée.	
tée. Réfraction simple. Pho-	12. Amorphe.	
sphorescente dans l'obscu-		
rité , lorsqu'on frotte deux	——	
morceaux. Sa poussière inje-		
ctée sur les charbons, répand	**Accidens de lumière.**	
une lumière bleuâtre ou ver-		
dâtre. Décrépite au feu. In-	*Couleurs.*	
soluble dans l'eau. Fusible		
au chalumeau en verre trans-	1. Limpide.	
parent.	2. Rouge.	
	3. Violette.	
Analyse.	4. Verte.	
	(*v.*Prime d'émeraude.Eme-	
Ch. .... 57.	raude de Carthagène.)	
Ac. flu. .... 16.	5. Bleue.	
Eau. .... 27.	6. Jaune.	
————	7. Violet noirâtre.	
100.		
	Transparence.	
	8. Transparente.	
	9. Translucide.	
	10. Opaque.	
	——	
	Appendice.	
	Aluminifère.	

ESPÈCES.	VARIÉTÉS.	SOUS-VARIÉTÉS.
	Formes.	
	Déterminables.	
4.ᵉ Espèce.	1. Trapézienne.	*a.* Elargie.
	2. Equivalente.	*b.* Alongée.
CHAUX SULFATÉE.	3. Promimule.	*c.* Hémitrope.
(*v.* Gypse, Sélénite, Chaux vitriolée. *n. ch.* Sulfate de chaux.)	*Indéterminables.*	
Divisible par des coupes nettes qui se cassent sous des angles de 113ᵈ et 67ᵈ. P. sp. 2,2642—2,3117. Rayée par la chaux carbonatée. Réfraction double. F. p. prisme droit quadrangulaire. Exposée sur un charbon ardent , elle décrépite , blanchit de suite, et devient friable. Fusible en émail blanc au chalumeau , si l'on dirige le jet de flamme sur le tranchant des lames : mais cet émail tombe en poudre au bout de quelques heures. 500 Parties d'eau froide ou chaude, en dissolvent une partie.	4. Prismatoïde.	
	5. Mixtiligne.	
	6. Lenticulaire.	
	(*v.* Gypse en rose ou crète de coq.)	
	7. Laminaire.	
	8. Aciculaire.	*a.* En fibres parallèles.
	9. Fibreuse.	*b.* . . . . . contournées.
	10. Compacte.	
	11. Terreuse.	
	12. Nivéiforme.	
	Accidens de lumière.	
	Couleurs.	
Analyse de Bergmann.	1. Limpide.	
Ch. . . . . 32.	2. Grise.	
Ac. sul. . . . . 46.	3. Jaunâtre.	
E. . . . . 22.	4. Violette.	
————	5. Rougeâtre.	
100.	6. Blanche.	
	7. Nacrée.	
	Transparence.	
	8. Transparente.	
	9. Translucide.	

ESPÈCES.	VARIÉTÉS.	SOUS-VARIÉTÉS.
5.ᵉ *Espèce.* **CHAUX NITRATÉE.** (*v.* Nitre calcaire. *n. ch.* Nitrate calcaire.) Déliquescente et se liqué-fiant au feu , en détonnant à mesure qu'elle sèche. Saveur amère et désagréable. De-vient phosphorescente par la calcination, si on la por-te dans l'obscurité. Soluble dans deux fois son poids d'eau , et dans moins que son poids d'eau bouillante.	1. Trihexaèdre. 2. Aciculaire.	
6.ᵉ *Espèce.* **CHAUX ARSENIATÉE.** (*n.ch.* Arseniate de chaux.) Facile à écraser. Couleur blanche du lait. Non soluble dans l'eau. Soluble dans l'a-cide nitrique sans efferves-cence. Odeur d'ail au cha-lumeau.	1. Mamelonnée. 2. Capillaire.	

DEUXIÈME GENRE.
BARYTE.

ESPÈCES.	VARIÉTÉS.	SOUS-VARIÉTÉS.
	Formes.	
1.re Espèce.	*Déterminables.*	
BARYTE SULFATÉE.	1. Primitive.	
(*v.* Spath pesant, séléniteux. Baryte vitriolée. *n.ch.* Sulfate de Baryte.)	2. Binaire.	
	3. Apophane.	
	4. Rétrécie.	
Divisible en prisme droit rhomboïdal de 101$^{d}\frac{1}{2}$ et 78$^{d}\frac{1}{2}$. P. sp. 4,2984—4,4712.	5. Raccourcie.	
	6. Trapézienne. . . . . . . {	*a.* Alongée.
	7. Epointée. {	*b.* Elargie.
	8. Quadridécimale.	
Rayant la chaux carbonatée, rayée par la chaux fluatée. Réfraction double. F.p. prisme droit à base rhombe. M. in. prisme droit triangulaire à base rectangle. Fusible au chalumeau en émail blanc, qui décrépite au bout de quelques heures. Chauffée et mise sur la langue après le refroidissement, elle y fait l'impression du goût de l'œuf gâté. Répand une lueur rougeâtre, en la portant à la lumière et ensuite dans l'obscurité, après l'avoir fait calciner.	9. Disjointe.	
	10. Equivalente.	
	11. Additive.	
	12. Pantogène.	
	13. Octotrigésimale.	
	Indéterminables.	
	14. Crétée.	
	(*v.* Sp. pesant en crête de coq.)	
	15. Bacillaire.	
	16. Radiée.	
	(*v.* P. de Bologne.)	
	17. Concrétionnée.	
	18. Compacte.	
	———	
Analyse de Withering.	Accidens de lumière.	
Ba. . . . . 67,2.	*Couleurs.*	
Ac. sul. . . . . 32,8.	1. Limpide.	
———	2. Jaunâtre.	
100,0.	3. Rouge.	
	4. Olivâtre.	

ESPÈCES.	VARIÉTÉS.	SOUS-VARIÉTÉS.
	5. Bleuâtre.	
	6. Brunâtre.	
	7. Blanc mat.	
	8. Blanchâtre.	
1.re *Espèce.*	*Transparence.*	
	1. Transparente.	
BARYTE SULFATÉE.	2. Translucide.	
	3. Opaque.	
	Appendice.	
	Fétide.	
2.e *Espèce.*	Formes.	
BARYTE CARBONATÉE.	*Déterminables.*	
(*v.* Baryte aérée. Withé-		
rite. *n. ch.* Carbonate de	1. Annulaire.	
Baryte.)	*Indéterminables.*	
P. sp. 4,2919. Dureté de la	2. Striée.	
précédente. Sa poussière je-		
tée sur des charbons ardens,		
devient lumineuse dans l'ob-		
scurité. F. p. présumée un		
prisme hexaèdre régulier.		
Cassure transversale, écail-		
leuse, un peu ondulée, ayant		
un aspect gras. Formant un		
dépôt blanchâtre avant de		
se dissoudre en entier dans		
l'acide nitrique , avec une		
légère effervescence. Infu-		
sible.	Accidens de lumière.	
Analyse de Vauquelin.	*Couleurs.*	
B. . . . . 74,5.	1. Blanchâtre.	
Ac. c. . . . . 25,5.	*Transparence.*	
100,0.	2. Translucide.	

TROISIÈME GENRE.

STRONTIANE.

ESPÈCES.	VARIÉTÉS.	SOUS-VARIÉTÉS.

2.re Espèce.
 	
STRONTIANE SULFATÉE.
(*v.* Strontiane. *n. ch.* Sulfate de Strontiane.)
 	
Divisible en prisme rhomboïdal de 105^d et 75^d. P. sp. 3,5827—3,9581. Dureté des précédentes. Réfraction double. F. p. prisme droit à bases rhombes. M. in. prisme droit triangulaire à bases rectangles. Après la calcination, elle excite une saveur un peu aigre sur la langue. Elle colore en rouge la partie bleue du dard de flamme produit par le chalumeau.
 	
Analyse de Klaprot, de la variété fibreuse de Pensylvanie.
 	
Strontiane. . . . . 58.
Ac. sul. . . . . 42.
             100.
 	
De celle de Sicile, par Vauquelin.
 	
Strontiane. . . . . 54.
Ac. sul. . . . . 48.
             100.
	Formes.
	
	Déterminables.
	
	1. Unitaire.
	2. Emoussée.
	3. Bisunitaire.
	4. Dodécaèdre.
	5. Epointée.
	6. Entourée.
	7. Anomorphique.
	
	Indéterminables.
	
	8. Fibreuse.
	9. Amorphe.
	
	Pseudomorphoses.
	
	10. Pseudomorphique lenticulaire.
	
	———
	
	Accidens de lumière.
	
	Couleurs.
	
	1. Limpide.
	2. Blanchâtre.
	3. Bleuâtre.
	
	Transparence.
	
	1. Demi-transparente.
	2. Translucide.
	3. Opaque.	

ESPÈCES.	VARIÉTÉS.	SOUS-VARIÉTÉS.
2.ᵉ Espèce.	Formes.	

2.ᵉ *Espèce.*

STRONTIANE CARBO-NATÉE.
(*v.* Strontianite. *n. ch.* Car-bonate de Strontiane.)

Dureté des précédentes. P. sp. 3,6583—3,675. Phos-phorescente injectée sur les charbons, lorsqu'elle est en poudre. F. p. prisme hexaè-dre régulier. Fusible au cha-lumeau, en répandant une lueur purpurine. Soluble avec effervescence dans l'a-cide nitrique. Le papier im-bibé de sa dissolution, et séché, brûle avec une flam-me purpurine.

Analyse par Pelletier.

Strontiane. . . . . 62.
Ac. c. . . . . 3o.
Eau. 8
        ———
        100.

Formes.

1. Prismatique.
2. Aciculaire.
3. Striée.

Accidens de lumière.

Couleurs.

1. Blanchâtre.
2. Verdâtre.

Transparence.

3. Translucide.

QUATRIÈME GENRE.
MAGNÉSIE.

1.ʳᵉ *Espèce.*

MAGNÉSIE SULFATÉE.
(*v.* Sel amer. Sel d'epsom.)

Saveur amère. Non déli-quescente. Réfraction dou-ble. Cassure transversale et souvent longitudinale con-choïde. F. p. prisme droit

Formes.

Déterminables.

1. Bisalterne.
2. Pyramidée.
3. Triunitaire.
4. Trihexaèdre.
5. Equivalente.
6. Plagièdre.

ESPÈCES.	VARIÉTÉS.	SOUS-VARIÉTÉS.
tétraèdre. M.in.prisme droit triangulaire. Fusible à un degré de chaleur très-léger. Plus soluble dans l'eau froide que dans l'eau chaude, presque de la moitié de son poids.	*Indéterminables.* 7. Concrétionnée. 8. Fibreuse. 9. Pulvérulente.	
Analyse de Bergmann.	—	
Ma. . . . . 19. Ac. sul. . . . . 33. E. de cri. . . . . 48. ——— 100.	**Accidens de lumière.** *Couleurs.* 1. Limpide. 2. Blanchâtre. *Transparence.* 3. Translucide.	
2.ᵉ *Espèce.*		
MAGNÉSIE BORATÉE. (*v.* Quartz cubique. Spath boracique. *n. ch.* Borate magnésien.)		
Electrique par la chaleur en 8 points opposés deux à deux. P. sp. 2,566. F. p. le cube. Fusible au chalumeau en émail jaunâtre, qui se couvre de petites pointes , qui, par un feu continu, sont lancées comme des étincelles. Rayant le verre. Cassure un peu ondulée.	**Formes.** 1. Défective. 2. Surabondante. — **Accidens de lumière.**	
Analyse de Westrumb.	*Couleurs.* 1. Blanchâtre. 2. Grise. 3. Violâtre.	
Acide boracique. . . . . 68. Ma. . . . . 13. Alu. . . . . 1. Ch. . . . . 11. Ox. de f. . . . . 1. Si. . . . . 2. ——— 96.	*Transparence.* 4. Transparente. 5. Translucide. 6. Opaque.	

SECOND ORDRE.

SUBSTANCES ACIDIFÈRES ALCALINES, composées d'un acide uni à un alcali.

PREMIER GENRE.

POTASSE.

ESPÉCES.	VARIÉTÉS.	SOUS-VARIÉTÉS.
Espèce unique. **POTASSE NITRATÉE.** (*v.* Nitre. Salpêtre. *n. ch.* Nitrate de Potasse.) Non déliquescente. Réfraction simple. Saveur fraîche, devenant désagréable. F. p. l'octaèdre rectangulaire. M. in. tétraèdre irrégulier. Soluble dans deux ou trois fois son poids d'eau froide, et dans la moitié de son poids d'eau bouillante. Lorsqu'elle est unie à un corps combustible, elle détonne par l'action du feu. *Analyse par Bergmann.* Potasse. . . . . 49. Ac. ni. . . . . 33. E. de cris. . . . . . . 18. ———— 100.	Formes. *Déterminables.* 1. Primitive. 2. Basée. 3. Triunitaire. 4. Trihexaèdre. 5. Soustractive. 6. Eptahexaèdre. *Indéterminables.* 7. Aciculaire. 8. Fibreuse. (*v.* Salpêtre de Houssage.) ———— Accidens de lumière. *Couleurs.* 1. Limpide. 2. Blanchâtre. *Transparence.* 3. Demi-transparente. 4. Translucide.	

SECOND GENRE.

SOUDE.

ESPÈCES.	VARIÉTES.	SOUS-VARIÉTÉS.
	Formes.	
	Déterminables.	
	1. Primitive.	
	2. Cubooctaèdre.	
	3. Octaèdre.	
1.re Espèce.	4. Infundibuliforme.	
	Indéterminables.	
SOUDE MURIATÉE.		
(*v.* Sel marin. Sel gemme.	5. Fibreuse.	
Sel commun. *n. ch.* Muriate	6. Amorphe.	
de Soude.)		
Divisible en cubes. L'eau, soit froide ou chaude, n'en dissout que trois fois son poids. Réfraction simple. Saveur salée. Décrépite par le feu.	Accidens de lumière.	
	Couleurs.	
	1. Limpide.	
	2. Rouge.	
Analyse de Bergmann.	3. Bleue.	
	4. Brune.	
Soude. . . . . 42.	5. Violette.	
Ac. muri. . . . . 52.	6. Blanchâtre.	
Eau. . . . . 6.	*Transparence.*	
———		
100.	7. Translucide.	
	Appendice.	
	Gypsifère.	
	(*v.* Muriacite.)	

ESPÈCES.	VARIÉTES.	SOUS-VARIÉTÉS.
2.ᵉ *Espèce.*	**Formes.**	
SOUDE BORATÉE.	*Déterminables.*	
(*v.* Borax. Tincal. *n. ch.* Borate de Soude.)	1. Périhexaèdre.	
Saveur douceâtre tirant sur celle du savon. Cassure ondulée et brillante. F. p. prisme rectangulaire oblique. Réfraction double, à un très-haut degré. Soluble dans douze fois son poids d'eau froide, et six fois son poids d'eau chaude. Fusible à un feu modéré en une masse boursouflée et très-poreuse. Elle se convertit en verre au chalumeau.	2. Périoctaèdre. 3. Emoussée. 4. Dihexaèdre. 5. Sexdécimale.	
	Indéterminables.	
	6. Amorphe.	
	Accidens de lumière.	
	Couleurs.	
	1. Limpide. 2. Blanchâtre. 3. Verdâtre.	
Analyse.	*Transparence.*	
Ac. boracique. . . . . . . 36. Soude. . . . . 17. E. de cris. . . . . 47.	Translucide.	
100.		
3.ᵉ *Espèce.*	**Formes.**	
SOUDE CARBONATÉE.	*Déterminables.*	
(*v.* Alcali minéral. Natron. *n. ch.* Carbonate de Soude.)	1. Primitive.	Cunéiforme.
	2. Basée.	Segminiforme.
Soluble dans l'eau, qui en dissout la moitié de son poids lorsqu'elle est froide, et son poids total lorsqu'elle est bouillante. Saveur urineuse. Faisant effervescence dans	*Indéterminables.*	
	3. Amorphe.	

ESPÈCES.	VARIÉTÉS.	SOUS-VARIÉTÉS.
l'acide nitrique. Efflorescente par l'action de l'air. Verdissant le sirop de violette. *Analyse de Bergmann.* Soude. . . . . 20. Ac. ca. . . . . 16. E. de cris. . . . . 64. —— 100.	Accidens de lumière. *Couleurs.* 1. Blanchâtre. *Transparence.* 2. Translucide.	

TROISIÈME GENRE.

AMMONIAC.

ESPÈCES.	VARIÉTÉS.	SOUS-VARIÉTÉS.
Espèce unique. **AMMONIAC MURIATÉ.** (*v.* Sel ammoniac. *n. ch.* Muriate ammoniacal.) Volatil en entier par le feu. Saveur urineuse et piquante. F. p. l'octaèdre régulier. M. in. le tétraèdre régulier. Les cristaux en plume ont une certaine flexibilité. Soluble dans six fois son poids d'eau froide ou bouillante. Il refroidit sensiblement l'eau bouillante, lorsqu'on l'y fait dissoudre. *Analyse.* Ammoniac. . . . . 40. Ac. muri. . . . . 52. E. de cris. . . . . 08. —— 100.	Formes. *Déterminables.* 1. Primitif. 2. Cubique. 3. Trapézoïdal. *Indéterminables.* 4. Plumeux. —— Accidens de lumière. *Couleurs.* 1. Grisâtre. 2. Blanc. *Transparence.* 3. Translucide.	

TROISIÈME ORDRE.

Substances alcalino-terreuses.

GENRE UNIQUE.

ALUMINE.

ESPÈCES.	VARIÉTÉS.	SOUS-VARIÉTÉS.
1.re Espèce.	Formes.	
ALUMINE SULFATÉE ALCALINE.	*Déterminables.*	$\begin{cases} a.\ \text{Cunéiforme.} \\ b.\ \text{Segminiforme.} \end{cases}$
(*v.* Alun. *n. ch.* Sulfate d'Alumine.)	1. Primitive.	
	2. Cubique.	
Non volatile par le feu. Réfraction simple. Saveur douceâtre et astringente. F. p. l'octaèdre régulier. M. in. le tétraèdre régulier. Cassure indéfinie, vitreuse. Soluble dans neuf parties d'eau froide et une demi-partie d'eau chaude. A une chaleur modérée, elle se liquéfie, se boursoufle, et devient plus friable.	3. Cubooctaèdre.	
	4. Triforme.	
	5. Transposée.	
	Indéterminables.	
	6. Fibreuse.	
	(*v.* Alun de plume.)	
	7. Concrétionnée.	
	8. Amorphe.	
	———	
Analyse par Vauquelin.	Accidens de lumière.	
	Couleurs.	
Sulfate d'alumine. . . . 49.	1. Limpide.	
——— de potasse. . . . 7.	2. Blanchâtre.	
E. de cris. . . . . 44.	*Transparence.*	
———	3. Translucide.	
100.		

6

ESPÈCES.	VARIÉTÉS.	SOUS-VARIÉTÉS.
2.ᵉ *Espèce.*	Formes.	
ALUMINE FLUATÉE ALCALINE.	Laminaire.	
(*n. ch.* Fluate d'Alumine et de Soude. Cryolithe.)		
Insoluble dans l'eau. P. sp. 2,949. Rayée par la chaux fluatée. Rayant la chaux sulfatée. Elle acquiert la transparence et l'aspect de la gelée, mise dans l'eau en fragmens. F. p. le prisme rectangulaire. Au chalumeau elle se fond très-facilement d'abord, mais se couvre d'une croûte blanche, et devient plus difficile à fondre.		
	Accidens de lumière.	
Analyse par Vauquelin.	*Couleurs.*	
Soude. . . . . 32.	1. Blanchâtre.	
Alumine. . . . . 21.		
Ac. fl. et Eau. . . . . . 47.	*Transparence.*	
100.	2. Translucide.	

SECONDE CLASSE.

SUBSTANCES TERREUSES,

Dans la composition desquelles il n'entre que des terres, unies quelquefois avec un alcali.

Insolubles dans les acides et dans l'eau. Electriques par la chaleur en deux points opposés. Ne sont point divisibles en octaèdre, à moins qu'en même temps elles ne raient facilement le verre. Ne se divisent point en prisme hexaèdre régulier, à moins qu'en même temps elles ne se fondent au chalumeau, ou raient facilement le verre. Pesanteur spécifique au-dessus de 3,5, à moins qu'elles ne raient le verre.

ESPÈCES.	VARIÉTÉS.	SOUS-VARIÉTÉS.
		Formes.
1.ʳᵉ Espèce.		*Déterminables.*
QUARTZ.	*1.ʳᵉ Variété.*	1. Dodécaèdre.
Infusible. P. sp. 2,04—2,81. Etincelant sous le briquet. Rayant le verre. Réfraction double. Les morceaux blanchâtres sont phosphorescens par leur frottement mutuel. F. p. rhomboïde légèrement obtus. M. in. le tétraèdre irrégulier. M. s. rhomboïde semblable au noyau.	HYALIN. (*v.* Cristal de roche.) Cassure ondulée et brillante. Sans avoir le luisant de la résine. Corps souvent cristallisé. P. sp. 2,5813—2,6701.	2. Prismé. { *a.* Alterne. *b.* Bisalterne. *c.* Comprimé. } 3. Rhombifère. 4. Plagièdre. 5. Pentahexaèdre. *Indéterminables.* 6. Laminaire. 7. Amorphe. (*v.* Quartz commun.) 8. Roulé. (*v.* Caillou de Médoc, du Rhin.)

ESPÈCES.	VARIÉTÉS.	SOUS-VARIÉTÉS.
2.ᵉ *Espèce.* Quartz.	1.ʳᵉ *Variété.* Hyalin.	9. Arenacé. { a. Mobile. (v. Sable mouvant.) (v. Sable ou Sablon.) { b. Anguleux. (v. Gravier.) 10. Concrétionné. — **Accidens de lumière.** *Couleurs.* 1. Limpide. (v. Cristal de roche, de Madagascar.) 2. Violet. (v. Améthyste.) 3. Bleu. (v. Saphir d'eau.) 4. Bleu-grisâtre. 5. Rose. (v. Rubis de Bohême.) 6. Jaune. (v. Topaze occidentale. Fausse Topaze.) 7. Orangé. 8. Enfumé. (v. Topaze enfumée.) 9. Vert obscur. (v. Cristal de roche vert. Prase.) 10. Hématoïde. { a. Cristallisé. (v. Hyacinthe de Compostelle.) { b. Massif (v. Sinople. Jaspe ferrugineux.) 11. Laiteux. 12. Noir. *Reflets particuliers.* 13. Gras. (v. Quartz gras.)

ESPÈCES.	VARIÉTÉS.	SOUS-VARIÉTÉS.
		14. Avanturiné.
		(*v.* Avanturine.)
		15. Irisé. { *a.* Intérieurement. / *b.* Superficiellement.
		Transparence.
	1.re *Variété.*	1. Transparent.
		2. Translucide.
	HYALIN.	3. Opaque.
		———
		Appendice.
		Aérohydre.
		Formes.
1.re *Espèce.*		1. Stalactite, { *a.* Cylindrique. / *b.* Conique. / *c.* Mameloné.
QUARTZ.		2. Sphéroïdal. { *a.* Solide. (*v.* Silex ou boule.) / *b.* Creux. (*v.* OEtites siliceuses.) / *c.* En hydre.
	2.e *Variété.*	3. Roulé. (*v.* Galets.)
	AGATE.	4. Amorphe.
	Cassure plus ou moins terne, quelquefois écailleuse. Corps ordinairement concrétionné. P. sp. 2,4835 —2,667.	———
		Qualités de la pâte, et accidens de lumière.
		Pâte fine. Couleurs vives et agréables, sur-tout après le poli. Corps souvent translucide.
		1. Calcédoine, { *a.* Blanche. / *b.* Bleuâtre.

ESPÈCES.	VARIÉTÉS.	SOUS-VARIÉTÉS.
1.ʳᵉ *Espèce.* QUARTZ.	2.ᵉ *Variété.* AGATE.	2. Cornaline. { *a.* Rouge. (*v.* Cornaline.) / *b* Rose. (*v.* Carnéole.) 3. Sardoine. 4. Prase. 5. Vert obscur. 6. Chatoyant. (*v.* OEil-de-chat.) **Pâte moins fine ou grossière.** *Couleurs sans vivacité. Corps rarement translucides, si ce n'est sur les bords.* 7. Pyromaque. { *a.* Blond. / *b.* Gris. / *c.* Noir. / *d* Jaune. / *e.* Blanchâtre. / *f.* Rougeâtre. / *g.* Brun. (*v.* Silex, ou Pierre à fusil.) 8. Molaire. (*v.* Pierre meulière.) 9. Grossier. (*v.* Caillou.) — **Premier appendice.** *Mélange de matières diversement colorées, qui deviennent sensibles à l'aide du poli.* 1. Onyx. (*v.* Toutes les Pierres siliceuses onyxes.) 2. Panaché. (Les Pierres siliceuses tachées.)

ESPÈCES.	VARIÉTÉS.	SOUS-VARIÉTÉS.
		3. Ponctué. { En rouge sur du vert. (*v.* Héliotrope.)
		4. Arborisé.
	2.ᵉ *Variété.*	**Second appendice.**
	AGATE.	*Aspect entièrement terreux.*
		5. Nectique. (*v.* Pierre légère.)
		6. Cachoulong.
		7. Calcifère.
	3.ᵉ *Variété.*	
	RÉSINITE.	1. Hydrophane.
		2. Opalin. (*v.* Opale.)
	Luisant semblable à celui de la résine nouvellement cassée. Cassure largement conchoïde. Etincelant difficilement sous le briquet. P. sp. 2,0499—2,6695.	3. Girasol.
		4. Commun. (*v.* Pierre de poix.)
1.ʳᵉ *Espèce.*		*Couleurs.*
QUARTZ.	**4.ᵉ** *Variété.*	1. Rouge.
	JASPE, (*v.* Jaspe.)	2. Vert. (*v.* Pierre à lancette.)
		3. Jaune.
	Cassure terne et compacte jointe à l'opacité. Couleurs plus ou moins persistantes par l'action du feu. Substances qui, mises en communication avec un conducteur électrisé, étincellent souvent à l'approche du doigt. C'est du quartz-agate empâté dans de l'argile ferrugineuse. P. sp. 2,3587—2,816.	4. Bleu de lavande.
		5. Violet.
		6. Noir.
		Appendice.
		Mélanges de divers principes colorans.
		1. Onyx.
		2. Sanguin.
		3. Panaché. (*v.* Fleuri.)

ESPÈCES.	VARIÉTÉS.	SOUS-VARIÉTÉS.

2.ʳᵉ Espèce.
 	
QUARTZ.
	5.ᵉ Variété.
	
	PSEUDOMORPHIQUE.
	
	C'est-à-dire, qui a pris la place qu'occupait un autre corps, et en a pris les formes.
		1. Quartz hyalin en ch. sul. lenticulaire.
		   (*v.* Quartz en crête de coq)
		2. Quartz hyalin en ch. carb. métastatique.
		3. Quartz agate en ch. carb. équiaxe.
		4. Quartz agate en ch. carb. prismatique.
		5. Quartz agate en ch. carb. dodécaèdre.
		6. Quartz agate conchylioïde.
		   (*ex.* Les Pétrifications d'agate)
		7. Quartz agate xyloïde.
		   (*v.* Dendrolies. Bois agatifié.)
		8. Quartz résinite xyloïde.

2.ᵉ Espèce.
 	
ZIRCON.
   (*v.* Hyacinthe. Jargon.)
 	
De ses joints naturels, les uns sont parallèles et les autres obliques à l'axe des cristaux. P. sp. 4,3858—4,4161. Raie difficilement le quartz. Réfraction double très-forte. L'éclat de sa surface intérieure est un peu gras, et sa cassure transversale, ondulée, éclatante. F. p. octaèdre à triangles isocèles. M. in. le tétraèdre régulier. Infusible au chalumeau, mais s'y décolore.
	Formes.
	
	Déterminables.
	
	1. Primitif.
	2. Dodécaèdre.
	3. Prismé.
	   (*v.* Jargon de Ceylan.)
	4. Dioctaèdre.
	5. Unibinaire.
	6. Plagièdre.
	7. Equivalent.
	8. Soustractif.
	
	Indéterminables.
	
	9. Granuliforme.
	
	——	

ESPÈCES.	VARIÉTÉS.	SOUS-VARIÉTÉS.

Accidens de lumière.

Couleurs.

1. Orangé-brunâtre.
2. Rougeâtre.
3. Jaunâtre.
4. Verdâtre.
5. Jaune-verdâtre.
6. Blanchâtre.

Transparence.

7. Transparente.
8. Translucide.

Substances étrangères à cette espèce, auxquelles on a donné le nom d'Hyacinthe.

1. H. orientale. *C'est la Télésie orangée.*
2. H. occidentale. *C'est la Topaze d'un jaune safrané.*
3. H. miellée. *C'est la Topaze d'un jaune de miel.*
4. H. la belle. *Le Grenat rouge très-orangé.*
5. H. cruciforme. *L'Harmotome.*
6. H. brune des volcans. *L'Idocrase.*
7. H. blanche de la Somma. *La Méïonite.*
8. H. de Compostelle. *Le Quartz hyalin hématoïde.*
9. H. de Disentis. *Une variété de Grenat.*

2.ᵉ *Espèce*.

Zɪʀᴄᴏɴ.

Analyse de Klaproth, du jargon de Ceylan.

Zirconne. . . . . 70.
Silice. . . . . 26.
Fer. . . . . 1.
Perte. . . . . 3.

100.

Analyse de celle du Puy, par Vauquelin.

Zirconne. . . . . 64,5.
Sil. 32,0
Fer. . . . . 2,0.
Perte. . . . . 1,5.

100,0.

8

ESPÈCES.	VARIÉTÉS.	SOUS-VARIÉTÉS.

3.ᵉ *Espèce.*
 	
 TÉLÉSIE , c'est-à-dire , corps parfait.
 (*v.* Pierre orientale.)
 	
 Joints naturels très-sensibles , perpendiculaires à l'axe des cristaux. P.sp.3,9911 —4,2833. Rayant toutes les substances terreuses. Réfraction unique. Cassure longitudinale , conchoïde , éclatante. F. p. prisme hexaèdre régulier. M.in. prisme triangulaire équilatéral. La variété bleue perd sa couleur , exposée au feu. Infusible.
 	
 Analyse de Klaproth.
 	
 Alu. . . . . 98.
 Fer. . . . . 2.
             ——
           100.
	Formes.
	
	 Déterminables.
	
	 1. Primitive.
	 2. Unitaire.
	 3. Mixte.
	 4. Bisalterne.
	 5. Didodécaèdre.
	
	 Indéterminables.
	
	 6. Amorphe.
	
	 ——
	
	 Accidens de lumière.
	
	 Couleurs.
	
	 1. Limpide.
	   (*v.* Saphir blanc.)
	 2. Rouge.
	   (*v.* Rubis d'Orient.)
	 3. Rouge-aurore.
	   (*v.* Vermeille orientale.)
	 4. Jaune.
	   (*v.* Topaze orientale.)
	 5. Bleue.
	   (*v.* Saphir oriental.)
	 6. Indigo.
	   (Saphir mâle de quelques auteurs.)
	 7. Verte.
	   (*v.* Emeraude orientale.)
	 8. Violette.
	   (*v.* Améthyste orientale.)
	
	 Reflets particuliers.
	
	 9. Girasol.
	 10. Bleue-chatoyante.
	 11. Rouge-chatoyante.
	 12. Astérie.
	   (*v.* Astérie saphir et Astérie rubis.)	

ESPÈCES.	VARIÉTÉS.	SOUS-VARIÉTÉS.
3.ᵉ Espèce. TÉLÉSIE.	*Transparence.* 13. Transparente. 14. Translucide. *Substances étrangères à la Télésie bleue, auxquelles on a donné le nom de Saphir.* 1. Saphir d'eau. *C'est le Quartz hyalin bleu.* 2. Saphir du Brésil. *C'est la Tourmaline bleue.* 3. Saphir (faux). *C'est la Chaux fluatée bleue.*	
4.ᵉ Espèce. CYMOPHANE, c'est-à-d., lumière flottante. (*v.* Chrysobéril. Chrysolithe orientale, chatoyante.) Les joints naturels sont parallèles à l'axe des cristaux. P. sp 3,7961. Raie très-fort le quartz. Réfraction double. Quelques espèces ont des reflets laiteux bleuâtres, qui semblent flotter dans son intérieur. F. p. parallélipipède rectangle. Cassure de la précédente transversalement. Infusible. *Analyse de Klaproth.* Alu. . . . . 71,5. Ch. . . . . 6,0. Sil. . . . . 18,0. Ox. de fer. . . . . . 1,5. Perte. . . . . 3,0. —————— 100,0.	——— **Formes.** *Déterminables.* 1. Anamorphique. 2. Annulaire. 3. Isogone. 4. Octovigésimale. *Indéterminables.* 5. Roulée. **Accidens de lumière.** *Couleurs.* 1. Verte-jaunâtre. *Transparence.* 2. Transparente. 3. Translucide.	

ESPÈCES.	VARIÉTÉS.	SOUS-VARIÉTÉS.
	Formes.	
	Déterminables.	
	1. Primitif.	{ *a.* Cunéiforme. { *b.* Segminiforme.
	2. Emarginé.	
	3. Transposé.	
5.ᵉ Espèce.	*Indéterminables.*	
SPINELLE.	4. Amorphe.	
(*v.* Rubis balais, Spinelle.)		
P. sp. 3,6458—3,76. Rayant le quartz, rayé par la télésie. F. p. l'octaèdre régulier. M. in. le tétraèdre régulier. Réfraction simple. Cassure vitreuse: Infusible au chalumeau.	Accidens de lumière.	
	Couleurs.	
	1. Rouge-écarlate. (*v.* Rubis spinelle.)	
	2. Rouge de rose. (*v.* Rubis balais.)	
Analyse par Klaproth.	3. Violet.	
	4. Rouge-jaunâtre. (*v.* Rubicelle.)	
Alu. . . . . 76,0.	5. Noirâtre.	
Sil. . . . . 16,0.		
Mag. . . . . 8,0.	*Transparence.*	
Ox. de fer. . . . . . 1,5.		
———	6. Transparent.	
101,5.	7. Translucide.	
	8. Opaque.	
Analyse de Vauquelin.		
	Substances étrangères au Spinelle, auxquelles on a donné le nom de Rubis.	
Alu. . . . . 82,47.		
Mag. . . . . 8,78.	1. Rubis d'Orient. *C'est la Télésie rouge.*	
Aci. chromique. . . . 6,18.	2. Rubis du Brésil. *C'est la Topaze rouge.*	
Perte. . . . . 2,57.	3. Rubis balais. *C'est encore la Topaze rouge.*	
———	4. Rubis de Bohème. *C'est le Quartz rouge-rose.*	
100,00.		

ESPÈCES.	VARIÉTÉS.	SOUS-VARIÉTÉS.
5.ᵉ Espèce. SPINELLE.	5. Rubis de Barbarie. *C'est le Grenat.* 6. Rubis de roche. *C'est le Grenat rouge-violet.* 7. Rubis (faux). *C'est la Chaux fluatée rouge.* 8. Rubis de soufre, ou Rubis d'arsenic. *L'Arsenic sulfuré rouge en cristaux.*	
6.ᵉ Espèce. TOPAZE. Nom d'une île où se trouvait la pierre ainsi appelée des Anciens. *Voyez le Vocabulaire.* (*v.* Saphir, Topaze du Brésil, de Saxe. Chrysobéril.) Joints sensibles perpendiculaires à l'axe des cristaux P. sp. 3,5311—3,564. Rayant le quartz, rayé par le rubis. Réfraction double. Les topazes dites *du Brésil et de Sibérie* acquièrent par la chaleur, l'électricité, vitrée d'un côté, et résineuse de l'autre. F. p. prisme droit à bases rhombes. Cassure longitudinale, conchoïde et brillante. Infusible au chalumeau : mais la topaze *du Brésil*, mise dans un creuset et chauffée à rouge, devient rose-foncé. La topaze *de Saxe* y blanchit.	Formes. *Déterminables.* 1. Dioctaèdre. 2. Soustractive. 3. Monostique. 4. Soudouble. 5. Distique. 6. Dissimilaire. *Indéterminables.* 7. Cylindroïde. 8. Roulée. Accidens de lumière. *Couleurs.* 1. Limpide. (*v.* Topaze de Sibérie.) 2. Jaune. (*v.* Top. de Saxe et du Brésil Chrysoprase d'Orient.) 3. Jaune-pâle. (*v.* Top. de Saxe.) 4. Jaune-rousseâtre. (*v.* Top. du Brésil.) 5. Jaune-safranée. (*v.* Top. d'Inde.)	

ESPÈCES.	VARIÉTÉS.	SOUS-VARIÉTÉS.
	6. Jaune-rougeâtre. (*v.* Rubicelle.) 7. Jaune-verdâtre. (*v.* Chrysolithe de Saxe.) 8. Bleu-verdâtre. (*v.* Aigue-marine orientale. Saphir du Brésil.) 9. Rouge. (*v.* Rubis balais, du Brésil.) 11. Laiteuse.	
6.ᵉ *Espèce.* TOPAZE. *Analyse par Vauquelin,* *de la variété dite* de Saxe. Sil. . . . . 31. Alu. . . . . 68. Perte. . . . . 1. ——— 100.	*Transparence.* 12. Transparente. 13. Translucide. 14. Opaque. *Substances étrangères à* *cette espèce, mais qui* *en portaient le nom.* 1. Télésie jaune. *Topaze orientale.* 2. Zircon. *Topaze hyaline rouge-jaunâtre.* 3. Péridot. *Topaze jaune-verdâtre.* 4. Emeraude jaune. *Topaze de Sibérie.* 5. Quartz hyalin jaune. *Top. de Bohême.* 6. Quartz hyalin brun. *Top. enfumée.* 7. Chaux fluatée jaune. *Fausse Topaze.*	

ESPÈCES.	VARIÉTÉS.	SOUS-VARIÉTÉS.
7.e Espèce. EMERAUDE, c'est-à-dire, corps brillant. (*v.* Aigue-marine de Sibérie. Le Béril. Chrysolithe du Brésil.) Divisible parallélement aux pans et aux bases d'un prisme hexaèdre régulier. P. sp. 2,7227—2,7755. Rayant le verre , mais difficilement le quartz. Double réfraction peu sensible. F. p. le prisme hexaèdre régulier. M. in. prisme triangulaire équilatéral. Cassure brillante et ondulée. Fusible au chalumeau , en verre blanc un peu écumant. *Analyse de l'Emeraude du Pérou , par Vauquelin.* Sil. . . . . 64,50. Alu. . . . . 16,00. Glucyne. . . . . . . 13,00. Ox. de chrome. . . . 3,25. Ch. . . . . 1,60. Matières volatiles (eau). 2,00. ——— 100,35. *Du Béril, ou Aigue-marine, par le même.* Sil. . . . . 68. Alu. . . . . 15. Glucyne. . . . . 14. Ch. . . . . 2. Ox. de fer. . . . . . . 1. ——— 100.	*Formes.* *Déterminables.* 1. Primitive. 2. Péridodécaèdre. 3. Epointée. 4. Annulaire. 5. Rhombifère. 6. Unibinaire. 7. Soustractive. *Indéterminables.* 8. Cylindroïde. 9. Amorphe. ——— Accidens de lumière. *Couleurs.* 1. Limpide. 2. Verte. (*v.* Emeraude du Pérou.) 3. Vert-blanchâtre. 4. Vert-bleuâtre. (*v.* Aigue-marine ou Béril.) 5. Jaune-verdâtre. (*v.* Chrysolithe.) 6. Vert-jaunâtre. 7. Bleue. 8. Miellée. *Transparence.* 9. Transparente. 10. Translucide.	

ESPÈCES.	VARIÉTÉS.	SOUS-VARIÉTÉS.
7.ᵉ *Espèce.* EMERAUDE.	*Substances étrangères à cette espèce, qui ont reçu quelqu'un de ses noms.* 1. La Tourmaline verte. *Emeraude du Brésil.* 2. La Télésie verte. *Emeraude orientale.* 3. La Dioptase. *Emeraude de forme primitive.* 4. La Chaux fluatée verte. *Emeraude (fausse).* 5. *Idem* en octaèdre régulier. *Emer. morillon de Carthagène.* 6. Le Quartz agate-prase. *Prime d'Emeraude.* 7. La Diallage. *Smaragdite.* 8. La Chaux phosphatée verte. *Béril.* 9. Le Quartz verdâtre. *Béril.* 10. Le Disthène. *Béril bleu.* 11. La Pycnite. *Béril schorlacé.* 12. La Topase bleu-verdâtre. *Aigue-marine orientale.* 13. L'Epidote. *Schorl aigue-marine.*	

ESPÈCES.	VARIÉTÉS.	SOUS-VARIÉTÉS.
8.ᵉ _Espèce._ ENCLASE, c'est-à-dire, facile à briser. Divisible par deux coupes longitudinales entre elles et perpendiculaires, dont l'une est beaucoup plus nette. P. sp. 3,0625. Fragile et se réduisant en lames à la moindre percussion ; mais rayant le quartz. Double réfraction très-marquée. F. p. prisme droit à bases rectangles. Cassure transversale conchoïde. Fusible au chalumeau en émail blanc, après avoir perdu sa transparence. _Analyse par Vauquelin._ Sil. . . . . 35 à 36. Alu. . . . . 18 à 19. Glucyne. . . . . . . 14 à 15. Fer. . . . . 2 à 3. ——— 69 à 73. Perte. . . 31 à 27.	Formes. Surcomposée. — Accidens de lumière. _Couleurs._ 1. Verdâtre. _Transparence._ 2. Transparente. — Formes. _Déterminables._ 1. Primitif. . . . . 2. Trapézoïdal. 3. Emarginé. 4. Triémarginé. 5. Uniternaire.	 Alongé.
9.ᵉ _Espèce._ GRENAT, c'est-à-dire, qui a la couleur des grains de grenade.		

ESPÈCES.	VARIÉTÉS.	SOUS-VARIÉTÉS.
	Indéterminables. 6. Sphéroïdal. 7. Amorphe.	

9.ᵉ Espèce.
 	
GRENAT.
 	
P. sp. 3,5578—4,1888. Raie le quartz. Réfracte simplement les objets. F. p. le dodécaèdre rhomboïdal. M. in. le tétraèdre à faces triangulaires isocèles. M. soustr. le rhomboïde obtus. Fusible au chalumeau. Les diverses variétés de grenat, analysées par différens chimistes, ont donné quelques produits différens ; mais les substances qu'on y trouve sont la silice, l'alumine, la magnésie, la chaux, l'oxide de fer et de manganèse.
 	
Le Grenat rouge trapézoïdal de Bohème, analysé par Vauquelin, contient de
 	
Sili. . . . . 36.
Alu. . . . . 22.
Ch. . . . . 3.
Ox. de fer. . . . . 41.
                102.
	Accidens de lumière.
	
	Couleurs.
	
	1. Rouge de coquelicot.
	   (*v.* Grenat de Bohême.)
	2. Rouge foncé jaunâtre.
	   (*v.* Grenat syrien de Boëce)
	3. Vermeil.
	4. Violet-pourpré.
	   (*v.* Grenat syrien.)
	5. Rouge-orangé.
	   (*v.* Grenat hy. Hyacinthe la belle.)
	6. Jaunâtre.
	7. Verdâtre.
	8. Brun.
	   (*v.* Grenat d'étain.)
	9. Blanchâtre.
	10. Noir. . . . .
	
	Transparence.
	
	11. Transparent.
	12. Translucide.
	13. Opaque.
	
	Substances étrangères au Grenat, auxquelles on avait donné ce nom.
	
	1. Grenat du Puy. *Le Zircon de France.*
	2. Grenat blanc, et volcanique. *L'Amphigène.*
	3. Grenat d'étain. *De l'Etain en cristaux bruns*
		De Frascati.

ESPÈCES.	VARIÉTÉS.	SOUS-VARIÉTÉS.
10.ᵉ Espèce. AMPHIGÈNE, c'est-à-d., qui a une double origine. (*v.* Grenat blanc , du Vésuve. Leucite. Grenatite.) Divisible parallèlement aux faces d'un cube et d'un dodécaèdre rhomboïdal en même temps. P. sp. 2,4684. Rayant difficilement le verre. Réf. simple. F. p. le cube. M. in. le tétraèdre irrégulier. M. s. le cube. Cassure raboteuse , quelquefois ondulée et un peu luisante. Infusible. *Analyse de Klaproth.* Sil. . . . . 53 à 54. Alu. . . . . 24 à 25. Potasse. . . . . . 20 à 22. 97 à 101.	Formes. *Déterminables.* 1. Trapézoïdal. *Indéterminables.* 2. Amorphe. 3. Arrondi. Accidens de lumière. *Couleurs.* 1. Gris. 2. Blanchâtre. 3. Jaunâtre. *Transparence.* 1. Transparent. 2. Translucide. 3. Opaque.	
11.ᵉ Espèce. IDOCRASE , c'est-à-dire, figure mixte. (*v.* Hyacinthine. Vésuvienne. L'Hyacinthe brune des volcans.) Divisible parallèlement aux pans et aux diagonales d'un prisme droit à bases carrées. P. sp. 3,0882—3,409.	Formes. *Déterminables.* 1. Unibinaire. 2. Soustractive. 3. Sou-sextuple. 4. Encadrée. 5. Ennéacontaèdre.	

ESPÈCES.	VARIÉTÉS.	SOUS-VARIÉTÉS.
Raie le verre. Réf. double très-sensible. F. p. prisme droit à bases carrées. M. in. prisme triangulaire à bases rectangles isocèles. Cassure légèrement luisante, raboteuse, ou un peu ondulée. Fusible en verre jaunâtre.	**Accidens de lumière.** *Couleurs.* 1. Brune. 2. Orangée. 3. Vert-foncé. 4. Vert-jaunâtre. (*v.* Chrysolite des lapidaires de Naples.) *Transparence.*	
Analyse par Klaproth, de celle du Vésuve.		
Sil. . . . . 35,50. Ch. . . . . 22,25. Alu. . . . . 33,00. Ox. de fer. . . . . 7,50. Ox. de mang. . . . 0,25 Perte. . . . . 1,50. <hr>100,00.	5. Transparente. 6. Translucide. 7. Opaque.	
12.ᵉ Espèce. **MÉIONITE**, c'est-à-dire, inférieure. (*v.* Hyacinthe blanche de la Somma.) Rayant le verre. F. p. prisme droit à bases carrées. Cassure transversale ondulée, éclatante. Fusible facilement, avec un fort bouillonnement et un bruissement, en un verre blanc spongieux.	**Formes.** *Déterminables.* 1. Dioctaèdre. 2. Soustractive. *Indéterminables.* 3. Amorphe. **Accidens de lumière.** *Couleurs.* 1. Limpide. 2. Blanchâtre. *Transparence.* 3. Translucide.	

ESPÈCES.	VARIÉTÉS.	SOUS-VARIÉTÉS.
13.ᵉ Espèce. **Feld-spath**, c'est-à-d., Spath des roches. (*v.* Spath étincelant. Pétunze des Chinois.) Joints naturels très-nets, perpendiculaires l'un sur l'autre , dans deux sens. P. sp. 2,4378—2,7045. Etincelant sous le briquet , et rayant le verre. Réfraction double. Electricité difficile à exciter par le frottement. Phosphorescent dans l'obscurité , par la percussion de deux morceaux. F. p. le parallélipipède obliquangle irrégulier. Fusible au chalumeau en émail blanc. *Analyse par Vauquelin, de la variété dite* Adulaire. Sil. . . . . 64. Alu. . . . . 20. Ch. . . . . 2. Potasse. . . . . 14. ——— 100. *Du Pétunze , par le même.* Sil. . . . . 74,0. Alu. . . . . 14,5. Ch. . . . . 5,5. Perte. . . . . 6,0. ——— 100,0. Le Spath vert de Sibérie contient, outre les substances précédentes , de l'oxide de fer.	Formes. *Déterminables.* 1. Binaire. 2. Unitaire. 3. Prismatique. 4. Ditétraèdre. 5. Bibinaire. 6. Quadridécimal. 7. Dihexaèdre. 8. Sexdécimal. 9. Didécaèdre. 10. Décidodécaèdre. 11. Apophane. 12. Synoptique. 13. Hémitrop. (*v.* Feld-spath de Bavano.) *Indéterminables.* 14. Laminaire. 15. Granuleux. ——— Accidens de lumière. *Couleurs.* 1. Limpide. 2. Blanc. 3. Blanc-verdâtre. 4. Rouge. 5. Vert. (*v* P. des Amazones.) 6. Bleu. 7. Incarnat. 8. Gris. *Chatoiement.* 9. Nacré. (*v.* Adulaire, Pierre de lune.)	

ESPÈCES.	VARIÉTÉS.	SOUS-VARIÉTÉS.
	10. Opalin. (*v.* Pierre de Labrador.) 11. Aventuriné. (*v.* Aventurine.) *Transparence.* 12. Transparent. 13. Translucide. 14. Opaque.	
13.ᵉ Espèce. FELD-SPATH.	**Appendice.** Argilliforme. (*v* Kaolin.) ——— *Substances étrangères à cette espèce, et auxquelles on avait donné le nom de Feld-spath.* 1. Feld-spath œil-de-chat. *Le Quartz chatoyant.* 2. Feld-spath vert. *Diallage verte.* ———	
14.ᵉ Espèce. CORINDON. (*v.* Diamant spathique. Spath adamantin.) Rayant le quartz fortement. P. sp. 3,8732. Réfraction double. F. pri. rhomboïde un peu aigu. Cassure lamelleuse. Il y a des cristaux chatoyans sous certains aspects. Scintillant. Infusible.	**Formes.** *Déterminables.* 1. Basé. 2. Prismatique. 3. Bisalterne. 4. Uniternaire. *Indéterminables.* 5. Amorphe. ———	

ESPÈCES.	VARIÉTÉS.	SOUS-VARIÉTÉS.
Analyse du Corindon de la Chine, par Klaproth. Si. . . . . 6,5. Alu. . . . . 84,0. Ox. de fer. . . . . . . 7,5. Perte. . . . . 1,0. ———— 100,0. *De celui du Bengale, par le même.* Si. . . . . 5,50. Alu. . . . . 89,50. Ox. de fer. . . . . . 1,25. Perte. . . . . 3,75. ———— 100,00. **15.ᵉ Espèce.** PLÉONASTE, c'est-à-d., qui surabonde. (*v.* Sch. ou Grenat brun, Ceylanite.) P. sp. 3,7647 — 3,7931. Rayant légèrem. le quartz. Se brisant difficilement sous le marteau. F. p. l'octaèdre régulier. M. in. le tetraèdre régulier. Cassure éclatante et lisse, un peu conchoïde. Infusible. *Analyse par Colet-Descostils.* Alu. . . . . 68. Mag. . . . . 12. Sil. . . . . 2. Ox. de fer. . . . . . . 16. Perte. . . . . 2. ———— 100.	Accidens de lumière. *Couleurs.* 1. Gris. 2. Rouge. 3. Bleu. 4. Jaune. 5. Brun. 6. Verdâtre. 7. Noirâtre. *Transparence et reflets particuliers.* 8. Transparent. 9. Translucide. 10. Opaque. 11. Chatoyant. Formes. *Déterminables.* 1. Primitif. 2. Dodécaèdre. 3. Emarginé. 4. Unibinaire. *Indéterminables.* 5. Roulé. Accidens de lumière. *Couleurs.* 1. Noir. 2. Purpurin.	

ESPÈCES.	VARIÉTÉS.	SOUS-VARIÉTÉS.
16.ᵉ Espèce. AXINITE, c.-à-d., corps aminci en forme de tranchant de hache. (*v*. Sch. violet. Yanolithe.) P. sp. 3,2133—3,2956. Raie le verre. Réfraction simple. Etincelant par le choc du briquet, et répandant une odeur de pierre à fusil. F. p. prisme droit, dont les bases sont des parallélipipèdes obliquangles. M. in. prisme oblique triangulaire. Cassure raboteuse et écailleuse. Fusible avec bouillonnement en un verre d'un gris noirâtre. *Analyse par Vauquelin.* Sil. . . . . 44. Alu. . . . . 18. Ch. . . . . 19 Ox. de fer. . . . . . . 14. Ox. de mang. . . . . . 4. Perte. . . . . 1. ——— 100.	**Formes.** *Déterminables.* 1. Equivalente. 2. Amphihexaèdre. 3. Sou-double. 4. Soustractive. 5. Emoussée. *Indéterminables.* 6. Amorphe. ——— **Accidens de lumière.** *Couleurs.* 1. Violette. 2. Verte. 3. Blanchâtre. *Transparence.* 4. Transparente. 5. Translucide. 6. Opaque. ———	Comprimée.
17.ᵉ Espèce. TOURMALINE. (*v*. Schorl. Sch. transparent rhomboïdal. Sch. électrique.)	**Formes.** *Déterminables.* 1. Isogone. 2. Equivalente. 3. Equidifférente. 4. Impair. 5. Soustractive. 6. Antienneaèdre.	Racoourcie.

ESPÈCES.	VARIÉTÉS.	SOUS-VARIÉTÉS.
17.e Espèce. TOURMALINE. P. sp. 3,0863 — 3,3636. Rayant le verre. Électricité vitrée par le frottement, et vitrée à un bout et résineuse à l'autre par la chaleur. Réfraction simple. Les cristaux qui sont transparens ne le paraissent que lorsqu'on les regarde a travers et dans le sens de l'épaisseur ; mais non en les regardant vers la base. F. p. rhomboïde obtus. M. in. tétraèdre. Cassure transversale , conchoïde à petites évasures , quelquefois paraissant articulées. Les deux sommets des variétés cristallisées diffèrent entre eux par le nombre de leurs facettes. Les Tourmalines, quelle que soit leur couleur, exposées au chalumeau , se fondent et donnent un émail blanc ou gris. *Analyse par Vauquelin , de la variété verte du Brésil.* Sil. . . . . 40,00. Ch. . . . . 3,84. Alu. . . . . 39,00. Ox. de mang. . . . 2,00. Ox. de fer. . . . . . 12,50. Perte. . . . . 2,66. ————— 100,00.	7. Progressive. 8. Prosennéaèdre. 9. Convergente. 10. Nonoduodécimale. 11. Surcomposée. 12. Péripolygone. *Indéterminables.* 13. Cylindroïde. 14. Aciculaire. 15. Amorphe. — **Accidens de lumière.** *Couleurs.* 1. Blanche. 2. Verte. (Emer. du Brésil des lapidaires.) 3. Bleu verdâtre. (Saphir du Brésil des lapidaires.) 4. Vert-jaunâtre. (Péridot de Ceylan , *de l'île.*) 5. Brune. 6. Orangée. 7. Noire. (Schorl de Madagascar.) *Transparence.* 8. Transparente. 9. Translucide. 10. Opaque.	

ESPÈCES.	VARIÉTÉS.	SOUS-VARIÉTÉS.
	Formes.	
	Déterminables.	
	1. Dodécaèdre.	
	2. Equi-différent.	
	3. Ondécimal.	
18.ᵉ Espèce.	4. Sexdécimal.	
	5. Surcomposé.	
AMPHIBOLE, c'est-à-d., équivoque.	*Indéterminables.*	
(*v.* Schorl.)	6. Cylindroïde.	
	7. Laminaire.	
Divisible par des coupes très - nettes parallèlement aux pans d'un prisme rhomboïdal. P. sp. 3,25. Rayant le verre. Etincelant difficilement. Electricité nulle. F. p. prisme oblique à bases rhombes. Cassure transversale raboteuse. Fusible au chalumeau en verre noir.	8. Lamellaire.	
	9. Aciculaire.	
	———	
	Accidens de lumière.	
	Couleurs.	
	1. Noir.	
	2. Brun.	
Analyse de Wiegleb.	*Transparence.*	
	3. Opaque.	
Sil. . . . . 41.	*Substances étrangères à l'Amphibole , qu'on a appelées du nom de Schorl.*	
Alu. . . . . 38.		
Fer. . . . . 17.	1. Tourmaline. *Schorl électrique.*	
Perte. . . . . 4.	2. Epidote. *Schorl vert du Dauphiné.*	
100.	3. Pyroxène. *Schorl volcanique.*	
	4. Axinite. *Schorl violet.*	

ESPÈCES.	VARIÉTÉS.	SOUS-VARIÉTÉS.
18.ᵉ Espèce. AMPHIBOLE.	5. Feld-spath quadriocto-gonale. *Schorl blanc du Dauphiné.* 6. Staurotide. *Schorl cruciforme.* 7. Disthène. *Schorl bleu.* 8. Anatase. *Schorl octaèdre du Dauphiné.* 9. Actinote. *Schorl du Zillerthal.* 10. Pycnite. *Schorl blanc d'Altenberg.* 11. Macle. *Mis dans les Schorls.* 12. Prehnite de France. *Schorl en gerbe.* 13. Titane oxydé de Hongrie. *Schorl rouge.* 14. Sibérite de Lhermina ; Daouarite de Lamétherie. *Schorl rouge de Sibérie.* 15. Grammatite. *Schorl fibreux.* 16. Sphène. *Nouveau Schorl violet.*	
19.ᵉ Espèce. ACTINOTE, c'est-à-dire, corps rayonné. (Rayonnante. Zillerthite. Actynolite.)	Formes. *Déterminables.* 1. Hexaèdre. 2. Aciculaire. 3. Lamellaire. 4. Etalé. 5. Fibreux.	

ESPÈCES.	VARIÉTÉS.	SOUS-VARIÉTÉS.
19.e Espèce. ACTINOTE. Divisible par des coupes nettes , parallèlement aux pans d'un prisme rhomboïdal. P. sp. 3,3335. Rayant le verre. Fragile dans le sens transversal , et sa cassure est un peu ondulée et luisante. F. p. prisme droit à bases rhombes. Fusible en émail grisâtre. *Analyse d'un Actinote , par Bergman.* Sil. . . . . 64. Mag. . . . . 20. Cha. . . . . 9. Alu. . . . . 3. Ox. de fer. . . . . 4. ——— 100.	Accidens de lumière. *Couleurs.* 1. Vert-sombre. 2. Vert-clair. 3. Gris-verdâtre. 4. Noirâtre. 5. Blanc. *Transparence.* 6. Translucide. 7. Opaque.	
20.e Espèce. PYROXÈNE, c'est-à-dire, étranger ou hôte dans le domaine du feu. (*v.* Schorl volcaniq. Schorl noir en prisme octaèdre. Augite.)	Formes. *Déterminables.* 1. Périhexaèdre. 2. Périoctaèdre. 3. Bis-unitaire. 4. Triunitaire. 5. Sexoctonal. 6. Soustractif. 7. Dioctaèdre. 8. Octoduodécimal. 9. Hémitrop.	

ESPÉCES.	VARIÉTÉS.	SOUS-VARIÉTÉS.
20.ᵉ *Espèce.* **Pyroxène.** P. sp. 2,2265. Rayant peu le verre. La couleur de la poussière obtenue par la trituration, est toujours plus ou moins verte, quelque soit celle des cristaux. F. p. prisme oblique à bases rhombes. M. in. prisme oblique triangulaire. Cassure transversale raboteuse. Fusible au chalumeau en très-petites parcelles. *Analyse de celui de l'Etna, par Vauquelin.* Sil. . . . . 52,00. Cha. . . . . 13,20. Alu. . . . . 3,33. Mag. . . . . 10,00. Ox. de fer. . . . . 14.66. Ox. de mang. . . . 2,00. Perte. . . . . 4,81 ———— 100,00. **21.ᵉ *Espèce.*** **Staurotide**, c'est-à-dire, Croisette. (*v.* Schorl cruciforme, Pierre de croix.)	*Indéterminables.* 10. Amorphe. ——— **Accidens de lumière.** *Couleurs.* 1. Noir. 2. Vert. 3. Blanc. 4. Gris. *Transparence.* 5. Translucide. 6. Opaque. ——— **Formes.** *Déterminables.* 1. Primitive. 2. Périhexaèdre. 3 Unibinaire. *Cristaux croisés.* 4. Rectangulaire.	

ESPÈCES.	VARIÉTÉS.	SOUS-VARIÉTÉS.
21.e Espèce. STAUROTIDE. P. sp. 3,2861. Rayant très-peu le quartz. F. p. prisme droit à bases rhombes. M. in. prisme triangulaire à bases isocèles. Cassure raboteuse, luisante dans les cristaux bruns, terne dans les cristaux gris. Au chalumeau elle brunit et finit par tomber en fritte. *Analyse par Descostils.* Sil. . . . . 48,00. Alu. . . . . 40,00. Ch. . . . . 1,00. Ox. de fer. . . . . . 9,50. Ox. de mang. . . . . 50. Perte. . . . . 1,00. 100,00.	5. Obliquangle. 6. Ternée. . . . . ——— Accidens de lumière. *Couleurs.* 1. Brune. 2. Grisâtre. *Transparence.* 3. Translucide. 4. Opaque. Substances étrangères à cette espèce, appelées Pierres de croix. 1. Mâcle. 2. L'harmotome. ———	a. Obliquangle. b. Mixte.
22.e Espèce. EPIDOTE , c'est-à-dire, qui a reçu un accroissement. (*v.* Delphinite. Schorl vert du Dauphiné. Thallite. Rayonnante vitreuse.)	Formes. *Déterminables.* 1. Bis-unitaire. 2. Sexquadridécimal. 3. Monostique. 4. Subditisque. 5. Dissimilaire. 6. Amphihexaèdre. 7. Dodécanome. *Indéterminables.* 8. Aciculaire. 9. Granuleux.	

ESPÉCES.	VARIÉTÉS.	SOUS-VARIÉTÉS.
22.ᵉ *Espèce.* **Épidote.** P. sp. 3,4529. Rayant le verre facilement. Étincelant sous le briquet. Réfraction simple. Électricité difficile à exciter par le frottement, nulle par la chaleur. La poussière des cristaux de France est blanchâtre, et celle de ceux de Norwége et de Suéde est jaune-verdâtre. F. p. prisme droit, dont les bases sont des parallélogrammes obliquangles. Cassure transversale, raboteuse et un peu éclatante. Fusible en scorie brune, qui noircit par un feu continué. *Analyse de Descostils.* Sil. . . . . 57,00. Alu. . . . . 27,00. Cha. . . . . 14,00. Ox. de fer. . . . . . 17,00. Ox. de mang. . . . . 1,5o. Perte. . . . . 3,5. ──────── 100,00.	Accidens de lumière. *Couleurs.* 1. Vert foncé. 2. Olivâtre. 3. Jaune-verdâtre. ──	
23.ᵉ *Espèce.* Sphène, c'est-à-dire, ayant la forme d'un coin. (*v.* Rayonnante en gouttière.)	Formes simples. 1. Quadrisénaire. 2. Quadrioctodécimal. 3. Monostique. *Cristaux accolés.* 4. Caniculé. 5. Cruciforme.	

ESPÈCES.	VARIÉTÉS.	SOUS-VARIÉTÉS.
23.ᵉ _Espèce._ SPHÈNE. De l'une et l'autre part de l'axe, vers chaque sommet des cristaux, il y a deux coupes peu obliques. P. sp. 1372 à-peu-près. Rayant le verre et ayant une réfraction double. Fusible en verre noirâtre.	Accidens de lumière. _Couleurs._ 1. Verdâtre. 2. Violâtre. 3. Jaunâtre. _Transparence._ 4. Transparent. 5. Translucide.	
24.ᵉ _Espèce._ WERNÉRITE. (Wernerit.) P. sp. 3,6,063. Phosphorescente seulement par l'action du feu. Rayant le verre, étincelant sous le briquet. F. p. présumée le prisme droit à bases carrées. Cassure terne et raboteuse. Insoluble dans l'acide nitrique. Fusible avec écume, en émail blanc.	Formes. _Déterminables._ 1. Dioctaèdre. _Indéterminables._ 2. Amorphe. Accidens de lumière. _Couleurs._ 1. Olivâtre. _Transparence._ 2. Translucide. 3. Opaque.	

ESPECES.	VARIÉTÉS.	SOUS-VARIÉTÉS.
25.ᵉ Espèce.	Formes.	
DIALLAGE, c'est-à-dire, différence.	*Tissu.*	
(*v.* Smaragdite. Emeraudite. Feld-spath vert.)	1. Laminaire. 2. Compacte.	
Ayant une seule coupe nette. P. sp. 3. Rayant la chaux carbonatée , et quelquefois un peu le verre. Divisible en lames cassantes. D'autres moins nettes paraissent être perpendiculaires aux précédentes , et sont visibles à la lumière d'une bougie.	Accidens de lumière. *Couleurs.* 1. Verte. . . . . *Chatoiement.* 2. Métalloïde.	Satinée.
26.ᶜ Espèce.	Formes. *Déterminables.*	
ANATASE , c'est-à-dire, étendu en hauteur.	1. Primitif. 2. Basé. 3. Dioctaèdre. 4. Prominule.	
(*v.* Oisanite. Octaédrite. Schorl bleu.)		
P. sp. 3,857r. Rayant le verre. Electrisable par communication. Poussière blanchâtre. F. p. l'octaèdre rectangulaire. M. in. tétraèdre irrégulier. Infusible au chalumeau ; mais uni au borax en différentes proportions, il se fond en verre qui change de couleur, devient vert, brun, bleu ou blanc, selon le degré de chaleur.	Accidens de lumière. *Couleurs.* 1. Brun-noirâtre. 2. Bleu. *Transparence.* 3. Transparent. 4. Opaque.	

ESPÈCES.	VARIÉTÉS.	SOUS-VARIÉTÉS.
27.ᵉ *Espèce.* DIOPTASE, c'est-à-dire, visible au travers. (*v.* Emeraude. Emeraudine.) P. sp. 3,3. Rayant difficilement le verre. Conductrice de l'électricité ; l'acquérant résineuse par le frottement , lorsqu'elle est isolée. F. p. rhomboïde obtus. Elle prend au chalumeau une couleur brun - marron , et en donne une vert-jaunâtre à la flamme d'une bougie sans la fondre. Elle donne un bouton de cuivre, traitée avec le borax. *Aperçu de l'anayse de Vauquelin.* Sil. . . . . 28,57 Cuivre oxidé. . . . . 28,57. Ch. carb. . . . . . 42,85 99,99.	Formes. *Déterminables.* Dodécaèdre. — Accidens de lumière. *Couleurs.* 1. Vert. *Transparence.* 2. Translucide. —	
28.ᵉ *Espèce.* GADOLINITE, d'un nom d'auteur. P. sp. 4,0497. Rayant un peu le quartz. Etincelant au briquet. Agissant sur le barreau aimanté. Cassure conchoïde , éclatante. Soluble	Formes. *Indéterminables.* Amorphe.	

ESPÈCES.	VARIÉTÉS.	SOUS-VARIÉTÉS.
en gelée dans l'acide nitrique étendu d'eau et chauffé. Colore le borax en jaune. Elle lance au chalumeau des étincelles embrasées. *Analyse de Vauquelin.* Yttria. . . . . 35,0. Sil. . . . . 25,5. Fer. . . . . 25,0. Ox. de mang. . . . . 2,0. Ch. . . . . 2,0. Eau et acide carbo. . 10,5. —————— 100,0.	**Accidens de lumière.** *Couleurs.* 1. Noirâtre. 2. Roussâtre.	
29.ᵉ *Espèce.* LAZULITE; en arabe, *Azul.* (*v.* Pierre d'azur. Zéolithe bleu.) P. sp. 2,7675 à 2,9454. Rayant le verre. Quelques parties étincelant sous le briquet. Cassure matte, à grains très-serrés. Couleur bleu-azur. Conserve sa couleur au feu de 100 degrés; au-delà elle se boursoufle, se fond en une masse noire-jaunâtre, qui forme un émail blanchâtre, poussé à un feu encore plus actif. Soluble en gelée dans les acides, après la calcination.	**Formes.** *Indéterminables.* Amorphe. **Accidens de lumière.** *Couleurs.* 1. Bleu d'azur. 2. Bleu-pourpré. *Transparence.* 3. Opaque.	

ESPÈCES.	VARIÉTÉS.	SOUS-VARIÉTÉS.
29.e *Espèce.* LAZULITE. *Analyse de Klaproth.* Sil. . . . . 46,0. Alu. . . . . 14,5. Cha. carb. . . . . . . 28,0. Ch. sul. . . . . 6,5. Ox. de fer. . . . . . . 3,0. Eau. . . . . 2,0. 100,0.		
30.e *Espèce.* MÉSOTYPE, c.à.d. forme primitive moyenne. (*v.* Zéolithe.) P. sp. 2,0833. Rayant la chaux carbonatée. Acquérant par la chaleur l'électricité en deux points opposés. Réfraction double. F. p. prisme droit à bases carrées. M. in. prisme triangulaire à bases rectangles isocèles. Cassure un peu vitreuse. Soluble en gelée dans les acides, après l'avoir réduite en poudre. Fusible au chalumeau avec bouillonnement, et phosphorescence en émail spongieux.	Formes. *Déterminables.* 1. Pyramidée. 2. Epointée. 3. Dioctaèdre. *Indéterminables.* 4. Aciculaire. 5. Globuliforme. 6. Amorphe. — Accidens de lumière. *Couleurs.* 1. Blanchâtre. *Transparence.* 2. Transparente. 3. Translucide.	

ESPÈCES.	VARIÉTÉS.	SOUS-VARIÉTÉS.
	Substances étrangères à la Mésotype, et qui ont porté le nom de Zéolithe.	
Analyse de Vauquelin.	1. Zéolithe nacrée. *La Stilbite.*	
	2. Zéolithe dure. *L'Analcime.*	
Sil. . . . . 50,24.	3. Zéolithe cubique. *Chabasie.*	
Alu. . . . . 29,30.		
Ch. 9,46	4. Zéolithe bleue. *Le Lazulite.*	
Eau. . . . . 10,00.	5. Zéolithe. *L'Harmotome.*	
Perte. . . . . 1,00.		
_______	6. Zéolithe du Cap. *La Préhnite.*	
100,00.	7. Zéolithe du Brisgaw. *L'Oxyde de Zinc de Brisgaw.*	
	—	
31.ᵉ Espèce.		
Stilbite, c'est-à-dire, qui a un certain éclat.	Formes.	
Présentant une seule coupe nette. P. sp. 2,5. Rayant la chaux carbonatée. Eclat des lames nacré. Non électrique par la chaleur. F. p. prisme droit à bases rectangles. Cassure transversale, raboteuse, presque terne. Fusible au chalumeau avec bouillonnement et phosphorescence ; sur un charbon ardent elle blanchit et se pulvérise facilement.	*Déterminables.*	
	1. Dodécaèdre.	Lamelliforme.
	2. Epointée.	
	3. Anamorphique.	
	4. Octoduodécimale.	
	Indéterminables.	
	5. Arrondie.	
	—	

ESPÈCES.	VARIÉTÉS.	SOUS-VARIÉTÉS.

31.e Espèce.
 	
STILBITE.
 	
Analyse de Vauquelin.
 	
Sil. . . . . 52,0.
Alu. . . . . 17,5.
Ch. . . . . 9,0.
Eau. . . . . 18,5.
Perte. . . . . 3,0.
 	
———
100,0.
	Accidens de lumière.
	
	Couleurs.
	
	1. Blanchâtre.
	2. Brune.
	  (*v.* Zéolithe bronzée d'A-
	  bilgaard.)
	3. Grise.
	
	Transparence.
	
	4. Transparente.
	5. Translucide.	

32.e Espèce. PRÉHNITE, du nom d'un colonel. (*v.* Chrysolite du Cap. Zéo- lithe verdâtre.) Divisible par une seule coupe sensible , médiocre- ment nette. P. sp. 2,6097 à 2,6969. Rayant un peu le verre. Electrique par cha- leur. Aspect de la surface intérieure un peu nacré. F. p. présumée le prisme à ba- ses rectangles. Fusible au chalumeau en écume blan- che , qui devient émail d'un jaune noirâtre.	Formes. *Déterminables.* 1. Rhomboïdale. 2. Hexagonale. 3. Octogonale. *Indéterminables.* 4. Flabelliforme. 5. Entrelacée. Accidens de lumière. *Couleurs.* 1. Verte. 2. Olivâtre. 3. Blanchâtre. *Transparence.* 4. Translucide.	

ESPÈCES.	VARIÉTÉS.	SOUS-VARIÉTÉS.

32.ᵉ *Espèce.*

PRÉHNITE.

Analyse de la Préhnite du Cap, par Hassenfratz.

Sil. . . . . 50,0.
Alu. . . . . 20,4.
Ch. . . . . 23,3.
Fer. . . . . 4,9.
Eau. . . . . 0,9.
Mag. . . . . 0,5.
———
100,0.

Analyse de Klaproth.

Sil. . . . . 44,0.
Alu. . . . . 30,0.
Ch. . . . . 18,0.
Ox. de fer. . . . . . . 5,0.
Eau et gaz. . . . . . . 1,5.
Perte. . . . . 1,5.
———
100,0.

33.ᵉ *Espèce.*

CHABASIE, grec d'origine; nom d'une pierre.

(*v.* Zéolithe cubique , en cube.)

P. sp. 2,7176. Rayant légèrement le verre. F. p. rhomboïde un peu obtus. Aisément fusible au chalumeau en une masse blanchâtre et spongieuse.

Formes.

Déterminables.

1. Primitive.
2. Trirhomboïdale.
2. Disjointe.

———

Accidens de lumière.

Couleurs.

1. Blanchâtre.

Transparence.

2. Transparente.
3. Translucide.

ESPECES.	VARIÉTÉS.	SOUS-VARIÉTÉS.
	Formes.	
	Déterminables.	
	1. Triépointé.	
34.ᵉ *Espèce.*	2. Trapézoïdal.	
ANALCIME, c'est-à-d., corps sans vigueur.	*Indéterminables.*	
(*v.* Zéolithe cubique, dure.)	3. Radié.	
	4. Amorphe.	
P.sp. 2, à-peu-près. Rayant un peu le verre. Electricité difficile à exciter. Cassure un peu ondulée dans les cristaux transparens, compacte à grains fins dans les cristaux opaques. F. p. le cube. Fusible en verre.	Accidens de lumière.	
	Couleurs.	
	1. Limpide.	
	2. Blanc-mat.	
	3. Rouge-incarnat.	
	Transparence.	
	4. Translucide.	
	5. Opaque.	
35.ᵉ *Espèce.*		
NÉPHLINE, c'est-à-dire, nébuleuse.	Formes.	
(*v.* Sommite. Schorl blanc.)	*Déterminables.*	
Divisible parallèlement aux pans et aux bases du prisme de la forme primitive. P. sp. 3,2741. Les parties aiguës raient le verre, les autres y laissent souvent leur trace. F. p. prisme hexaèdre régulier. M. in. prisme triangulaire équilatéral. Cassure conchoïde un peu éclatante. Fusible en verre par un feu	1. Primitive.	
	2. Annulaire.	
	Indéterminables.	
	3. Granuliforme.	

ESPÈCES.	VARIÉTÉS.	SOUS-VARIÉTÉS.
35.ᵉ Espèce. .prolongé. Dans l'acide nitrique les fragmens deviennent nébuleux. *Analyse de Vauquelin.* Sil. . . . . 46. Alu. . . . . 49. Ch. . . . . 2. Ox. de fer. . . . . 1, Perte. . . . . 2. ———— 100.	**Accidens de lumière.** *Couleurs.* 1. Blanchâtre. *Transparence.* 2. Transparente. 3. Translucide.	
36.ᵉ Espèce. **HARMOTOME**, c'est-à-dire, qui se divise par les jointures. (*v.* Hy. blanche cruciforme. Andréolite. Andréasbergolithe.) P. sp. 2,333. Rayant légèrement le verre. Phosphorescence par le feu, d'un jaune verdâtre. F. p. octaèdre à triangles isocèles. M. in. tétraèdre irrégulier. Cassure transversale, raboteuse, presque terne. Fusible au chalumeau avec bouillonnement.	**Formes.** *Déterminables.* 1. Dodécaèdre. 2. Partiel. 3- Cruciforme. —— **Accidens de lumière.** *Couleurs.* 1. Blanchâtre. *Transparence.* 2. Translucide. 3. Opaque.	

ESPÈCES.	VARIÉTÉS.	SOUS-VARIÉTES.

36.ᵉ Espèce.

HARMATOME.

*Analyse par Klaproth , de
la variété cruciforme.*

Sil. . . . . 49.
Bary. . . . . 18.
Alu. . . . . 16.
Eau. . . . . 15.
Perte. . . . . 2.

       100.

37.ᵉ Espèce.

PÉRIDOT.

(*v.* Chrysolite ordinaire des
volcans. Olivine. Olivin.)

Une seule coupe très-sen-
sible, parallèle à l'axe des
cristaux. P.sp.3,4285. Rayant
le verre. Réfraction très-forte. F. p. prisme droit à bases
rectangles. Cassure conchoïde éclatante. Infusible au
chalumeau.

Analyse de Vauquelin.

Sil. . . . . 38,0.
Mag. . . . . 50,5.
Ox. de fer. . . . . . . 9,5.
Perte. . . . . 2,0.

      100,0.

Formes.

Déterminables.

1. Triunitaire.
2. Monostique.
3. Subditisque.
4. Continu.
5. Doublant.
6. Quadruplant.

Indéterminables.

7. Granuliforme. . . . . . { Discret.
                               { Agrégé.

Accidens de lumière.

Couleurs.

1. Jaune-verdâtre.
2. Jaune pâle.

ESPÈCES.	VARIÉTÉS.	SOUS-VARIÉTÉS.
37.ᵉ Espèce. PÉRIDOT. *Analyse par Klaproth, de la variété granuliforme.* Sil. . . . . 50,00. Mag. . . . . 38,50. Ox. de fer. . . . . . 12,00. Chaux. . . . . 00,25. ——————— 100,75.	*Transparence.* 3. Transparent. 4. Translucide. ——— Appendice. Granuliforme altéré. ———	
38.ᵉ Espèce. MICA , c'est-à-d. , brillant dans le sable. Divisible en lames flexibles et élastiques jusqu'à une extrême ténuité. P.sp. 2,6546 à 2,9342. Facile à rayer, peu fragile , déchirant plutôt que de briser. Surface lisse imitant souvent l'éclat métallique. F. p. prisme droit dont les bases sont des rhombes. Fusible au chalumeau en émail blanc ou gris, et même quelquefois vert. Les fragmens noirs donnent un émail noir dont l'action est très-sensible sur le barreau aimanté.	Formes. *Déterminables.* 1. Primitif. 2. Prismatique. 3. Binaire. 4. Annulaire. *Indéterminables.* 5. Foliacé. (*v.* Talc de Moscovie.) 6. Lamelliforme. 7. Ecailleux. 8. Hémisphérique. 9. Filamenteux. 10. Pulvérulent. (*v.* Sable d'or.) ——— Accidens de lumière. *Couleurs.* 1. Jaune-d'or. 2. Blanc-argentin. 3. Verdâtre. 4. Rougeâtre. 5. Jaunâtre. 6. Brun. 7. Noir.	

ESPECES.	VARIÉTÉS.	SOUS-VARIÉTÉS.
38.e *Espèce.*	*Transparence.*	
MICA.	8. Transparent.	
	9. Translucide.	
Analyse de Vauquelin.	10. Opaque.	
Sil. . . . . 50,00.	*Substances étrangères à cette espèce , qui ont porté le même nom.*	
Alu. . . . . 35,00.		
Ch. . . . . 1,33.	1. Mica des peintres. *Le Fer carburé.*	
Mag. . . . . 1,35.	2. Mica des peintres. *Le Molybdène sulfuré.*	
Ox, de fer. . . . . 7,00.	3. Mica vert. *L'Urane oxidé.*	
Perte. . . . . 5,32.		
100,00.		
39.e *Espèce.*	Formes.	
DISTHÈNE , c'est-à-dire, qui a deux forces.	*Déterminables.*	
(*v.* Sappare. Cyanite. Talc. Schorl. bleu.)	1. Perihexaëdre.	
	2. Double.	
	3. Lamelliforme.	
Divisible par deux coupes inclinées entr'elles et dont l'une est plus nette que l'autre. P. sp. 3,517. Rayant le verre quand il est bien aigu. Ne pouvant être rayé par une pointe d'acier que sur les grandes faces de ses lames , et non sur les faces latérales. Réfraction simple. Pouvant acquérir les deux électricités. F. p. prisme oblique quadragulaire. Infusible.	Accidens de lumière.	
	Couleurs.	
	1. Bleu.	
	2. Fasciolé.	
	3. Jaunâtre.	
	Transparence.	
	4. Transparent.	
	5. Translucide.	

ESPECES.	VARIÉTÉS.	SOUS-VARIÉTÉS.

40.ᵉ Espèce.

GRAMMATITE, c.-à-d., marqué d'une ligne.

(*v.* Trémolite.)

Divisible parallèlement aux pans du cristal de la forme primitive. P. sp. 2,9257 à 3,2. Rayant le verre, rayé difficilement par le quartz. Eclat en général assez vif, joint à un aspect un peu nacré. Phosphorescente par frottement, donnant une lueur rougeâtre, et sur le feu en donnant une verdâtre. F. p. prisme oblique à bases rhombes. Cassure transversale ondulée, légèrement luisante. Au chalumeau elle se fond en un émail blanc et bulleux.

Analyse de Klaproth.

Sil. . . . . 65,00.
Mag. . . . . 10,33.
Ch. . . . . 18,00.
Ox. de fer. . . . . . 0,16.
Eau et aci. carbo. . . 6,50.
Perte. . . . . 0,01.
____
100,00.

41.ᵉ Espèce.

PYCNITE, c'est-à-dire, compacte.

(*v.* Schorl blanchâtre. Leucolite.)

Formes.

Déterminables.

1. Ditétraèdre.
2. Bisunitaire.
3. Triunitaire.

Indéterminables.

4. Cylindroïde.
5. Comprimée.
6. Fibreuse. . . . . { *a.* Fasciculée. { *b.* Radiée.

Accidens de lumière.

Couleurs.

1. Blanche.
2. Blanc-rougeâtre.
3. Blanc-verdâtre.
4. Grise.
5. Gris-noirâtre.

Transparence.

6. Transparente.
7. Translucide.
8. Opaque.

Formes.

Déterminables.

1. Primitive.
2. Annulaire.
3. Cylindroïde.

17

ESPÈCES.	VARIÉTÉS.	SOUS-VARIÉTÉS.
41.ᵉ Espèce. **Pycnite.** P. sp. 3,5145. Rayant peu le quartz et très - sensiblement le verre. Très-fragile dans le sens perpendiculaire à l'axe des cristaux ; assez facile à racler avec une lame d'acier. Poussière sèche et un peu rude. Cristaux originaires du prisme hexaèdre régulier. Cassure presque terne ; paraissant inégale et écailleuse à la loupe. *Analyse de Vauquelin.* Sil. . . . . 36,8. Alu. . . . . 52,6. Ch. . . . . 3,3. Eau. . . . . 1,5. Perte. . . . . 5,8. —————— 100,0.	*Accidens de lumière.* *Couleurs.* 1. Blanchâtre. 2. Rougeâtre. *Transparence.* 3. Translucide. 4. Opaque.	
42.ᵉ Espèce. **Dipyre** ; c'est-à-dire, doublement susceptible de l'action du feu. (*v.* Leucolithe de Moléon.) Divisible parallèlement aux pans du prisme du cristal de la forme primitive. P. sp. 2,6305. Rayant le verre. La poussière jetée sur des charbons ardens donne	*Formes.* *Déterminables.* Fasciculé.	

ESPÈCES.	VARIÉTÉS.	SOUS-VARIÉTÉS.
42.ᵉ *Espèce.* une légère phosphorescence dans l'obscurité. Cassure conchoïde. F. p. prisme hexaèdre régulier. M. in. prisme triangulaire équilatéral. Fusible avec bouillonnement. *Analyse de Vauquelin.* Sil. . . . . 50. Alu. . . . . 24. Ch. . . . . 10. Eau. . . . . 2. Perte. . . . . 4. 100.	**Accidens de lumière.** *Couleurs.* 1. Blanchâtre. 2. Rosacé. *Transparence.* 3. Translucide.	
43.ᵉ *Espèce.* ASBESTE, c'est-à-dire, inextinguible. (*v.* Asbeste. Amiante.) P. sp. de l'asbeste flexible, 0,9088 à 2,3134 à 2,5779. De l'asbeste dur, 2,9958. De l'asbeste tressé, 0,6806 à 0,9933. Sa dureté varie depuis la faculté de rayer le verre jusqu'à la mollesse du coton. S'imbibant plus ou moins plongée dans l'eau. Poussière obtenue par la trituration douce au toucher, fibreuse ou pâteuse. Structure toujours filamenteuse. Les fibres de l'asbeste dur paraissent être des prismes	**Consistance et disposition des filamens.** 1. Flexible. (*v.* Amiante.) 2. Dur. (*v.* Asbeste mûr et non mûr.) 3. Tressé. . . . . 4. Ligniforme. **Accidens de lumière.** *Couleurs.* 1. Blanc soyeux. 2. Gris.	*a.* Cuir fossile. *b.* Liége fossile. *c.* Carton fossile.

ESPÉCES.	VARIÉTÉS.	SOUS-VARIÉTÉS.

43.ᵉ *Espèce.*

rhomboïdaux. Fusible au chalumeau en un verre noirâtre, qui se réduit, à un feu violent, en une fritte qui corrode le creuset.

3. Jaunâtre.
4. Verdâtre.
5. Brun.

44.ᵉ *Espèce.*

TALC.

(*v.* Stéalite, ou Talc.)

P. sp. 2,5834 à 2,8729. Se raclant avec un couteau. Passé sur une étoffe, pouvant y laisser une trace. Surface et poussière onctueuse et douce au toucher. Les variétés les plus pures communiquent à la cire d'Espagne l'électricité vitrée, au moyen du frottement. F. p. prisme droit, rhomboïdal. Blanchit au chalumeau, et donne un petit bouton d'émail à l'extrémité du fragment.

Formes.

1. Exagonal.
2. Laminaire.
   (*v.* Talc de Venise.)
3. Ecailleux,
   (*v.* Craie de Briançon.)
4. Granuleux.
5. Glaphique.
   (*v.* Pi. de lard.)
6. Stéatite. . . . . Céroïde.
7. Ollaire.
   (*v.* Pi. ollaire ou de colubrine.)
8. Chlorite. . . . .
   (*v.* Chlorite.)

a. Terreux.
   (*v.* Chlorite ordinaire.)
b. Fissile.
c. Zographique.
   (*v.* Terre de Vérone.)

Substances étrangères à cette espèce, auxquelles on a donné le même nom.

1. Talc de Moscovie. *Mica en grandes lames.*
2. Talc bleu. *Le Disthène.*
3. Talc. *La Chaux sulfatée.*
4. Talc. *Le Spath d'Islande.*

ESPÈCES.	VARIÉTÉS.	SOUS-VARIÉTÉS.
45.e Espèce. MACLE, c'est-à-dire, rhombe évidé parallèlement à ses bords. (*v.* Macle basaltique.) Divisions parallèles aux pans des cristaux de la forme primitive. Formé d'une substance noire renfermée par une blanchâtre. P. sp. 2,9444. Rayant le verre, quand elle a le tissu un peu lamelleux. Cassure à grain fin et serré. Communiquant presque toujours à la cire d'Espagne l'électricité résineuse par le frottement. Poussière douce au toucher. Joints naturels parallèles aux pans d'un prisme quadrangulaire. Au chalumeau les deux substances sont fusibles; la blanche donne une frite d'un blanc plus décidé ; la partie noire se fond en verre noir.	*Formes.* *Cristaux simples.* 1. Prismatique. 2. Cylindroïde. *Cristaux groupés.* 3. Quaternée. *Assortiment des deux substances qui composent la Macle.* 1. Tétragramme. 2. Pentarhombique. 3. Polygramme. 4. Circonscrite.	

APPENDICE.

Pierres qui ne sont pas assez connues pour être classées.

ESPÈCES.	VARIÉTÉS.	SOUS-VARIÉTÉS.
1.ʳᵉ Espèce. AMIANTOÏDE. (*v.* Byssolite.) Flexible et élastique. D'un vert d'olive, quelquefois jaunâtre ou brun-foncé. Luisante. En touffes de filamens très-déliés. Fusible au chalumeau en un verre brun opaque, ou en émail brun fortement attirable à l'aimant. Ces filamens paraissent, vus à un fort microscope, tronqués net à leur extrémité par un plan perpendiculaire à leur axe. *Analyse de Vauquelin et Macquart.* Sil. . . . . 47,0. Ch. . . . . 11,3. Mag. . . . . 7,3. Ox. de fer. . . . . . 20,0. Ox. de mang. . . . . 10,0. —— 95,6. *2.ᵉ Espèce.* APLOME, c'est-à-dire, simplicité. P. sp. 2,9465. Etincelant par le choc du briquet.	Accidens de lumière. *Couleurs.* 1. Brun-foncé. 2. Orangé.	

ESPECES.	VARIÉTÉS.	SOUS-VARIÉTÉS.
Rayant fortement le verre et légèrement le quartz. Cassure raboteuse, grisâtre et presque terne en certains endroits; légèrement conchoïde, brune et assez éclatante dans d'autres. Fusible au chalumeau en verre noirâtre. Se présentant sous la forme dodécaèdre - rhomboïdale.	*Transparence.* 3. Translucide. 4. Opaque. —	
3.ᵉ *Espèce.* Aragonite de Werner. (*v.* Apatite des Pyrénées. Spath d'Aragon.) P. sp. 2,9465. Rayant fortement la chaux carbonatée. Réfraction double. Sa poussière injectée sur un charbon ardent, devient luisante. Divisible par des pans qui font entr'eux des angles de 116 à 64 degrés. Soluble en entier avec effervescence dans l'acide nitrique.	**Formes.** *Déterminables.* 1. Prismatique. (En prisme hexaèdre.) 2. Cunéolaire. Hérissé de saillies cunéiformes. *Indéterminables.* 3. Cylindroïde. 4. Fibreuse. — **Accidens de lumière.** *Couleurs.* 1. Limpide. 2. Mi-violet. 3. Blanchâtre. *Transparence.* 4. Translucide.	

ESPÈCES.	VARIÉTÉS.	SOUS-VARIÉTÉS.
4.ᵉ Espèce. CHAUX SULFATÉE AN-HYDRE, c'est-à-dire, privée d'eau. P. sp. 2,964. Rayant la chaux carbonatée. Divisible par des coupes nettes en fragmens qui paraissent cubiques. Moins soluble que la chaux sulfatée ordinaire. Ne blanchissant pas et ne s'exfoliant pas au feu. *Analyse de Vauquelin.* Ch. . . . . 40. Ac. sulf. . . . . 60. ————— 100.	**Formes.** *Indéterminables.* 1. Laminaire. 2. Lamellaire. —— **Accidens de lumière.** *Couleurs.* 1. Blanchâtre. *Transparence.* 2. Translucide.	
5.ᵉ Espèce. CHAUX SULFATÉE QUARTZIFÈRE. (*v.* Pierre de Vulpino , du Bergamasque.) P. sp. 2,8787. D'un blanc-grisâtre uniforme, ou veiné ou gris-bleuâtre. Aspect granuleux. Peu phosphorescente par l'action du feu. Fusible au chalumeau. *Analyse de Vauquelin.* Ch. sul. . . . . 92. Sil. . . . . 8. ————— 100.		

ESPÈCES.	VARIÉTÉS.	SOUS-VARIÉTÉS.
6.ᵉ Espèce. COCCOLITHE d'Abild- gaard , c'est-à-dire , Pierre à noyaux. P. sp. 3,3739. Formée de grains d'un vert-noirâtre ou d'un vert-pré, dont la forme varie. Ces grains se détachant par la pression du doigt. Dureté approchant de celle du pyroxène , auquel elle ressemble beaucoup. Susceptible de rayer le verre. Divisible en prismes à 4 pans. Se fondant difficile-ment au chalumeau. *Analyse de Vauquelin.* Sil. . . . . 50,0. Ch. . . . . 24,0. Mag. . . . . 10,0. Fer oxidé. . . . . . . 7,0. Ox. de mang. . . . . 3,0. Alu. . . . . 1,5. Perte. . . . . 4,5. —— 100,0. *7.ᵉ Espèce.* DIASPORE, c'est-à-dire , qui se disperse. P. sp. 3,4324. En masses la-melleuses, dont les lames, lé-gèrement curvilignes, d'une couleur grise et d'un éclat assez vif, tirant sur le nacré,		

ESPÈCES.	VARIÉTÉS.	SOUS-VARIÉTÉS.
sont faciles à obtenir. Joints naturels tendant à former un prisme rhomboïdal. Les fragmens aigus raient le verre. Exposé à la flamme d'une bougie, il pétille et se divise en parcelles qui semblent scintiller, à raison des reflets qui sortent de leurs facettes nacrées. *Analyse de Vauquelin.* Alu. . . . . 80. Eau. . . . . 17. Fer. . . . . 3. ————— 100.		
8.ᵉ Espèce. **ECUME DE TERRE** des Allemands. En petites masses d'un blanc-nacré, composées de feuillets très-minces qui peuvent se séparer et qui peuvent se plier, mais n'ont point d'élasticité. Tendre. Tachant les corps par un léger frottement. Adhérant aux doigts sous la forme d'un enduit onctueux. Se dissolvant dans l'acide nitrique avec une vive effervescence. L'analyse qu'on en a faite n'a offert que de la chaux et de l'acide carbonique.	Accidens de lumière. *Couleurs.* 1. Blanc-nacré. 2. Blanc-jaunâtre. 3. Blanc-verdâtre.	

ESPÈCES.	VARIÉTÉS.	SOUS-VARIÉTÉS.
9.ᵉ Espèce. FELD-SPATH APYRE. (*v.* Spath adamantin d'un rouge-violet. Andalousite. Feld-spath du Forez.) P. sp. 3,165. Rayant le quartz, et même quelquefois le spinelle. Cassure presque matte, un peu écailleuse. Divisible parallèlement aux pans d'un prisme rectangulaire, ou à-peu-près.	Formes. *Déterminables.* 1. Quadrangulaire. *Indéterminables.* 2. Amorphe. Accidens de lumière. *Couleurs.* 1. Rouge-violet. *Transparence.* 2. Translucide (un peu). 3. Opaque.	
10.ᵉ Espèce. JADE. (*v.* Néphrite.) P. sp. 2,9502 à 3,389. Rayant le verre. Étincelant par le choc du briquet. Difficile à travailler et à polir. Cassure écailleuse et terne, excepté à quelques endroits où elle est scintillante. Fusible au chalumeau.	1. Néphrétique. . . . . . . (P. des Amazones.) 2. Tenace. . . . . , (Jade de Saussure.)	*a.* Verdâtre. *b.* Olivâtre. *c.* Blanchâtre. *a.* Blanchâtre. *b.* Lilas. *c.* Opaque. *d.* Translucide.
11.ᵉ Espèce. KOUPHOLITHE, c'est-à-dire, Pierre légère. En masse lamelleuse, nacrée. Lames très-minces. Électrique par chaleur. Fusible au chalumeau en émail spongieux. Non dissoluble dans l'acide nitrique.	Formes. *Indéterminables.* Lamellaire. Accidens de lumière. *Couleurs.* 1. Blanchâtre. 2. Jaunâtre. *Transparence.* 3. Translucide.	

ESPÈCES.	VARIÉTÉS.	SOUS-VARIÉTÉS.
12.e Espèce.		

12.e Espèce.

LÉPIDOLITHE , c'est-à-dire, Pierre d'écaille. (*v.* Lilalite.)

P. sp. 2,816. Aspect granuleux , d'un rouge violet , dans laquelle sont engagées une multitude de paillettes d'un blanc-nacré. Chaque grain a deux faces opposées qui paraissent réfléchir le blanc-nacré. Facile à entamer avec le couteau. Se réduisant difficilement , par la trituration , en une poussière qui a une certaine onctuosité sous les doigts. Exposée au chalumeau , elle se boursoufle un peu , se fond en globule transparent et sans couleur , qui devient violet , si on ajoute un peu de nitre.

Analyse de Vauquelin.

Sil. . . . . 54.
Alu. . . . . 20.
Ch. fluatée. . . . . . . 4.
Potasse. . . . . 18.
Ox. de mang. . . . . . 3.
Ox. de fer. . . . . . . 1.
———
100.

13.e Espèce.

MADRÉPORITE.

Formé par la réunion d'une multitude de prismes

ESPÈCES.	VARIÉTÉS.	SOUS-VARIETES.
13.e Espèce. à-peu-près cylindriques, dont l'épaisseur est différente, qui sont ou parallèles, ou divergens. Leur surface est terne et noirâtre. Ils présentent à l'endroit de leur fracture une concavité ou convexité d'un noir luisant. Ils sont tendres et cassans. Se dissolvent avec effervescence dans l'acide nitrique. *Analyse faite à l'école des Mines.* Ch. carb. . . . . 63. Alu. . . . . 10. Sil. . . . . 13. Fer. . . . . 11. Perte. . . . . 3. ——— 100. *14.e Espèce.* MALACOLITHE, c'est-à-dire, Pierre tendre. (Sahlite de Dandrada.) P. sp. 3,2307. Pierre tendre en masse lamelleuse, d'un gris-bleuâtre, entremêlé de mica ; les lames minces sont translucides. Rayant à peine le verre. N'étincelant point sous le briquet. Cassure écailleuse par intervalles, et presque terne, au défaut des coupes		

ESPECES.	VARIÉTÉS.	SOUS-VARIÉTES.

14.ᵉ Espèce.

nettes. F. p. à-peu-près celle du pyroxène, le prisme obli-que. Les fragmens se fon-dent au chalumeau avec boursouflement.

Analyse de Vauquelin.

Sil. . . . . 53.
Ch. . . . . 20.
Mag. . . . . 19.
Alu. . . . . 3.
Fer et mang. . . . . . . 4.
Perte. . . . . 1.
____
100.

15.ᵉ Espèce.

MICARELLE.

P. sp. 2,6953. Eclat du mica , mais susceptible de s'altérer et de passer au gris-cendré. Les parties angu-leuses raient la chaux car-bonatée. Sa poussière est onctueuse et douce au tou-cher. Cristallisable en pris-mé rectangulaire qui, lors-que les arrêtes longitudina-les sont remplacées par des facettes , donnent , par la coupe transversale , un oc-togone régulier.

ESPÈCES.	VARIÉTES.	SOUS-VARIÉTÉS.
16.ᵉ *Espèce.* PÉTROSILEX. (*v.* Palaïopètre.) Ayant quelques rapports avec le quartz résinite, l'agate et le jaspe, par son aspect extérieur. P. sp. 2,6257 à 2,7467. Rayant le verre. Etincelant par le choc du briquet. Cassure très-écailleuse. Présenté à une vive lumière, il offre une espèce de scintillation. Fusible au chalumeau en émail blanc.	1. Agatoïde. Tantôt translucide, tantôt opaque, excepté sur les bords, très-minces. 2. Jaspoïde. Opaque, si ce n'est à ses bords, très-minces. Cassure très-unie, largement conchoïde. 3. Résinite. (*v.* Peichstein.) Cassure luisante comme celle de la résine, conchoïde à petites évasures.	*a.* Rougeâtre. *b.* Blanchâtre. *c.* Gris. *d.* Noirâtre. *e.* Veiné. *a.* Gris. *b.* Taché. *a.* Gris. *b.* Olivâtre.
17.ᵉ *Espèce.* SCAPOLITE, c'est-à-dire, Pierre cutige, *ou* RAPIDOLITHE, Pierre à baguettes. P. sp. 3,68 à 3,708. Rayant le verre avec ses parties anguleuses. Ne se dissolvant pas dans l'acide nitrique. F. p. crue un prisme droit rectangulaire. N'acquérant point d'électricité. Se fondant au chalumeau en émail blanc et brillant.	**Formes.** *Indéterminables.* 1. Octogonal. 2. Aciculaire. **Accidens de lumière.** *Couleurs.* Blanchâtre. Gris. Blanc-mat. *Transparence.* Transparent. Translucide.	

ESPÈCES.	VARIÉTÉS.	SOUS-VARIÉTÉS.
18.ᵉ Espèce. SPATH CHATOYANT DES ALLEMANDS. En lames planes, minces, qui ont, sous certains aspects, un reflet très-éclatant, d'un gris-jaunâtre métallique ; disposée autrement, cet éclat disparaît.	Accidens de lumière. *Couleurs.* 1. Vert. 2. Jaune. 3. Blanc-d'argent.	
19.ᵉ Espèce. SPATH SCHISTEUX DES ALLEMANDS. (*v.* Argentine.) P. sp. 2,647. Composé de feuillets un peu curvilignes, d'un éclat nacré. Surface un peu grasse au toucher. Les feuillets sont fragiles et non flexibles. Se dissout en entier dans l'acide nitrique avec une vive effervescence.	Accidens de lumière. *Couleurs* 1. Rougeâtre. 2. Verdâtre. 3. Jaunâtre. 4. Blanchâtre.	
20.ᵉ Espèce. SPINTHÈRE, c'est-à-d., scintillante. Cristallisable en dodécaèdre irrégulier. Si on fait mouvoir la surface des cristaux à une vive lumière, leur surface paraît scintil-		

ESPÈCES.	VARIÉTÉS.	SOUS-VARIÉTÉS.
20.e Espèce. lante par l'effet d'une infinité de reflets très-vifs, d'une couleur ordinairement verte. Ne rayant point le verre, et se laissant entamer au couteau.		
21.e Espèce. TOURMALINE APYRE. (*v.* Schorl rouge de Sibérie. Daourite. Sibérite.) P. sp. 3,048 à 3,100. Etincelant par le choc du briquet. Rayant fortement le verre et peu le quartz. Acquérant par la chaleur l'électricité vitreuse d'un côté et l'électricité résineuse de l'autre. Ses joints naturels sont parallèles à l'axe des cristaux. Cassure transversale vitreuse ; mais uniforme dans la direction des aiguilles qui se séparent facilement. Ces aiguilles, réunies en masse, sont opaques, mais transparentes, lorsqu'elles sont isolées. D'une couleur rouge - purpurine, qu'elle perd, ainsi que sa transparence, exposée au chalumeau ; mais elle y reste infusible.	Formes. *Déterminables.* 1. Isogone. *Indéterminables.* 2. Aciculaire. ——— Accidens de lumière. *Couleurs.* 1. Rouge de lilac. *Transparence.* 1. Transparente. 2. Translucide. 3. Opaque, lorsqu'elle est en masse.	

ESPÈCES.	VARIÉTÉS.	SOUS-VARIÉTÉS.
21.ᵉ Espèce. *Analyse de Vauquelin.* Alu. . . . . 45,46. Sil. . . . . 47,27. Ch. . . . . 1,78. Ox. de mang. . . . . 5,49. ⎯⎯⎯⎯ 100,00.	Appendice. 1. Tourmaline apyre de Rosena. 2. Lépidolithe cristallisée d'Estener et Lenz.	
22.ᵉ Espèce. TRIPHANE , c'est-à-d., apparente dans trois sens. (*v.* Spodumène.) P. sp. 3,1923. En masses lamelleuses , d'un blanc légèrement verdâtre , divisibles en prisme rhomboïdal ; se divisant aussi dans le sens de petites diagonales de la base. Les trois coupes nettes ont un éclat nacré ; deux appartiennent aux pans du prisme , et la troisième est située diagonalement. Cassure écailleuse , raboteuse et terne dans le sens transversal. Rayant le verre. Étincelant par le choc du briquet. Cette substance, chauffée dans un creuset, se délite en petites parcelles lamelliformes , dont la plupart sont d'un jaune-d'or ; les autres sont d'un gris-foncé. Dans l'intervalle de quelques jours ,		

ESPÈCES.	VARIÉTÉS.	SOUS-VARIÉTÉS.

22.ᵉ *Espèce.*

les premières redeviennent aussi grises. Au chalumeau on obtient les mêmes effets ; mais, en poussant le feu, les parcelles se réunissent et se fondent en globules grisâtres.

Analyse de Vauquelin.

Sil.	56,5.
Alu.	24,0.
Ch.	5,0.
Ox. de fer.	5,0.
Perte.	9,5.
	100,0.

23.ᵉ *Espèce.*

ZÉOLITHE EFFLORÉS-
CENTE.

En masses lamelleuses d'un blanc mat légèrement nacré, qui se délitent avec une grande facilité, dès qu'on les expose à l'air ; et alors elles tombent en un amas confus de parcelles. Soluble en gelée dans les acides.

24.ᵉ *Espèce.*

ZÉOLITHE RADICÉE.

En masses globuleuses , striées du centre à la circonférence ; il y en a dont

	Accidens de lumière.	
	Couleurs.	
	1. Jaunâtre.	

ESPÈCES.	VARIÉTÉS.	SOUS-VARIÉTÉS.
24.ᵉ Espèce. la cassure est compacte. Rayant légèrement le verre. Fusible au chalumeau en émail bulleux. Non soluble en gelée dans les acides.	2. Jaune-verdâtre. 3. Jaune-pâle. 4. Blanc mat.	
25.ᵉ Espèce. ZÉOLITHE ROUGE D'OE-DELFORS. En masses terreuses tendres, d'un rouge de brique. Sans mélange, elle ne fait point effervescence ; mais se dissout dans les acides en une gelée qui perd sa consistance, et qui, au bout de vingt-quatre heures, redevient liquide. Se fond au chalumeau en émail demi-transparent et bulleux.		

TROISIÈME CLASSE.

SUBSTANCES COMBUSTIBLES
NON MÉTALLIQUES.

Caractères convenables à quelques-unes d'entr'elles :

1.º Dureté supérieure à celle de tous les autres minéraux. (Diamant.)

2.º Electricité résineuse par le frottement, sans isolement, à moins que le corps ne donne une odeur d'ail à la flamme du chalumeau. (Le Soufre, le Bitume, le Succin.)

3.º Combustion avec un simple résidu charbonneux, et une diminution de poids très-sensible. (Le Mellite, l'Authracite, la Houille, le Jayet, le Bitume.)

PREMIER ORDRE.

Combustibles simples.

ESPÈCES.	VARIÉTÉS.	SOUS-VARIÉTÉS.
1.ʳᵉ *Espèce.* SOUFRE, du latin *sulphur.*	Formes. *Déterminables.* 1. Primitif. . . . . 2. Basé. 3. Unitaire. 4. Prismé. 5. Emoussé.	Cunéiforme.

22

ESPÈCES.	VARIÉTÉS.	SOUS-VARIÉTÉS.
1.re *Espèce.*	6. Dioctaèdre.	
	7. Octodécimal.	
P. sp. du soufre natif, 2,0332 ; du soufre fondu, 1,9907. Réfraction double à un très-haut degré. Très-fragile, avec une espèce de craquement ; on l'entend pétiller, en l'approchant de l'oreille, et en le tenant dans la main fermée. Electricité résineuse par le frottement. Couleur jaune-citron, lorsqu'il est pur. Cassure conchoïde éclatante. F. p. octaèdre à triangles scalènes. M. in. tétraèdre irrégulier. Brûle en jetant une flamme légère et bleuâtre, si la combustion est lente ; blanche ou vive, si elle est rapide.	8. Unibinaire.	
	Indéterminables.	
	9. Strié.	
	10. Pulvérulent.	
	(*v.* Fleurs de soufre des volcans.)	
	11. Amorphe.	
	Accidens de lumière.	
	Couleurs.	
	1. Jaune-citrin.	
	2. Jaune-verdâtre.	
	Transparence.	
	1. Transparent.	
	2. Translucide.	
2.e *Espèce.*		
DIAMANT, du grec αδαμας, indomptable.	**Formes.**	
	Déterminables.	
P. sp. 3,5185 à 3,55. Rayant tous les autres minéraux. Réfraction simple. Electricité vitrée par le frottement. Poussière grise ou noirâtre. F. p. octaèdre régulier. Divisible par des coupes très-nettes. M. in. le tétraèdre régulier. Combustible sans résidu sensible.	1. Primitif.	*a.* Sextuple.
	2. Sphéroïdal.	*b.* Conjoint.
	3. Plan convexe.	*c.* Comprimé.
	Indéterminables.	
	4. Amorphe.	

ESPECES.	VARIÉTÉS.	SOUS-VARIÉTÉS.
2.ᵉ Espèce. DIAMANT.	Accidens de lumière. *Couleurs.* 1. Limpide. 2. Rose. 3. Orangé. 4. Jaune. 5. Vert. 6. Bleu. 7. Noirâtre. *Transparence.* 8. Transparent. 9. Translucide. 10. Opaque. *Substances d'une autre na- ture que le Diamant, appelées de ce nom.* 1. Rubis. *Diamant rouge.* 2. Quartz en petits cri- staux. *Faux Diamant d'Alençon.* 3. Zircon. *Diamant d'une qualité inférieure.*	
3.ᵉ Espèce. AUTHRACITE. (*v.* Plombagine charbo- neuse. Houillite. Charbon de terre incombustible.) P. sp. 1,8. Friable. En con- tact avec un corps conduc- teur électrisé, il donne des étincelles à l'approche d'un	1. Feuilleté.	

ESPÈCES.	VARIÉTÉS.	SOUS-VARIÉTÉS.
3.ᵉ Espèce.		
excitateur. Tachant souvent les doigts. Opaque. Combustion lente et difficile , qui n'a lieu qu'à l'aide d'un feu violent.		
Analyse de Vauquelin.		
Carbon. . . . . 0,68.		
Sil. . . . . 0,30.		
Fer. . . . . 0,02.	2. Globuleux.	
1,00.		

SECOND ORDRE.

Combustibles composés.

1.ʳᵉ Espèce.		
BITUME , du grec πιττα. (*v.* Pétrole.)		

P. sp. de celui qui est solide, 1,1044 ; de celui qui est liquide , 0,8475 à 0,8783. Liquide , ou ayant la mollesse de la poix , ou solide , mais très-friable. Il brûle en répandant une fumée épaisse accompagnée d'une odeur forte et âcre. Laisse un résidu peu considérable. Ne donne point d'ammoniaque par la distillation.	1. Liquide. . . . .
	2. Glutineux.
	   (*v.* Pissasphalte. Poix minérale. Malthe.)
	3. Solide.
	   (*v.* Asphalte. Bitume de Judée.)
	4. Elastique.
	   (*v.* Cahoutchouc fossile.)
		a. Pétrole.
		b. Naphte.

ESPÈCES.	VARIÉTÉS.	SOUS-VARIÉTÉS.
2.e Espèce. **HOUILLE.** (*v.* Charbon de terre.) P. sp. de la variété compacte, 1,3292. Plus dure que le bitume solide, moins que le jayet. Ne donne d'électricité que lorsqu'elle est isolée. Opaque. Noire, plus ou moins. Brûle plus ou moins vîte, en répandant une odeur fade bitumineuse. Résidu abondant. Donne beaucoup de terre et d'ammoniaque à la distillation.	*Tissu.* 1. Feuilletée. 2. Compacte. — Accidens de lumière. Irisée.	
3.e Espèce. **JAYET**, du grec γαγατες. (*Voyez* la Terminologie.) (Jais. Succin noir. Pétrole compacte.) P. sp. 1,259. Il en est qui surnage. Cassant. Susceptible d'être poli. Electrique par frottement, mais faiblement, à moins qu'il ne soit isolé. Opaque. Noir très-foncé. Cassure ondulée, médiocrement luisante. Combustible sans couler ni boursoufler, et répandant une odeur qui a de l'âcreté, et qui quelquefois produit une sensation aromatique assez agréable. Donne un acide par la distillation.	Compacte.	

ESPÈCES.	VARIÉTÉS.	SOUS-VARIÉTÉS.
4.e Espèce. Succin , de *succus* , suc. (*v.* Karabé. Ambre jaune.) P. sp. 1,078 à 1,0855. Cassant. Susceptible d'être tourné et poli. Réfraction simple. Electricité résineuse , très-sensible par le frottement. Couleur d'un jaune tirant sur l'orangé. Odeur agréable par la combustion , trituration , ou frottement. Cassure conchoïde. Combustible en se boursouflant. Il donne un acide particulier, appelé succinique.	*Tissu.* Compacte. — Accidens de lumière. *Couleurs.* 1. Jaune. 2. Orangé. 3. Blanc-jaunâtre. 4. Rougeâtre. 5. Rouge. 6. Bleu. 7. Violet. 8. Pourpré. 9. Vert. *Transparence.* 10. Transparent. 11. Translucide. —	
5.e Espèce. Mellite. (*v.* Pierre de miel. Succin transparent cristallisé.) P. sp. 1,5858 à 1,666. Fragile. Se laissant entamer par le couteau. Les cristaux purs donnent un peu d'électricité, en les frottant ; mais elle est plus sensible en les isolant, et persiste plus longtemps. Etant pur , il a une couleur jaune de miel. F. p.	*Formes.* *Déterminables.* 1. Primitif. 2. Dodécaèdre. 3. Epointé. *Indéterminables.* 4. Granuliforme. —	

ESPÈCES.	VARIÉTÉS.	SOUS-VARIÉTÉS.
octaèdre. M. in. tétraèdre irrégulier. Cassure écaïlleuse. Exposé au feu , il blanchit et perd sa transparence ; chauffé plus fortement , il devient noir , et finit par tomber en cendres. *Analyse de Klaproth.* Alu. . . . . 16. Aci. particulier. . . . . 46. Eau. . . . . 38. ——— 100.	Accidens de lumière. *Couleurs.* 1. Jaune de miel. 2. Orangé-brun. *Transparence.* 3. Transparent. 4. Translucide.	

QUATRIEME CLASSE.

SUBSTANCES MÉTALLIQUES.

1.º Elles ont une pesanteur spécifique au-dessus de 4,5.

2.º La permanence d'une couleur vive, après la trituration, ou passage à une couleur voisine, qui est plus ou moins vive.

3.º Combustibles avec dégagement de vapeurs, dont l'odeur est sulfureuse, ou semblable à celle de l'ail.

TABLEAU rapproché de quelques-unes des propriétés de huit substances métalliques, lorsqu'elles sont pures et à l'état métallique.

ECLAT.	DENSITÉ.	DURETÉ.	DUCTILITÉ.	TÉNACITÉ.	FUSIBILITÉ.
Platine.	Platine.	Fer.	Or.	Or.	Mercure.
Fer.	Or.	Platine.	Platine.	Fer.	Etain.
Argent.	Mercure.	Cuivre.	Argent.	Cuivre.	Plomb.
Or.	Plomb.	Argent.	Cuivre.	Platine.	Argent.
Cuivre.	Argent.	Or.	Fer.	Argent.	Or.
Etain.	Cuivre.	Etain.	Etain.	Etain.	Cuivre.
Plomb.	Fer.	Plomb.	Plomb.	Plomb.	Fer.
	Etain.	Mercure.	Mercure.		Platine.

PREMIER ORDRE.

*Non oxydables immédiatement, si ce n'est à un feu très-violent,
et réductible immédiatement.*

PREMIER GENRE.

PLATINE, d'un mot espagnol, qui signifie petit argent. (Voyez
la Terminologie.

ESPECES.	VARIÉTÉS.	SOUS-VARIÉTÉS.
Espèce unique. PLATINE NATIF FERRI-FÈRE. Couleur blanc-argentin. P. sp. du platine non purifié, 15,6017 ; du platine purifié et écroui, 20,980. Le rapport de dilatabilité pour chaque degré du thermomètre centigrade, est de $\frac{1}{115000}$. Soluble par l'acide nitro-muriatique. Infusible sans addition, si ce n'est au foyer d'un miroir ardent, ou par le jet de l'oxigène.	Granuliforme.	

24

DEUXIÈME GENRE.

OR , soleil des Alchimistes.

ESPECES.	VARIÉTÉS.	SOUS-VARIÉTES.
Espèce unique. Or natif. D'une couleur jaune pur. P. sp. dans l'état de pureté, 19,2572. Soluble dans l'acide nitro-muriatique. *Nota.* Pour les autres propriétés ou caractéres , on peut consulter le tableau , ainsi que pour les sept autres premiers métaux , excepté le nikel.	Formes. *Déterminables.* 1. Octaèdre. . . . . 2. Trapézoïdal. *Indéterminables.* 3. Ramuleux. 4. Capillaire. 5. Lamelliforme. 6. Granuliforme. 7. Amorphe.	*a.* Cunéiforme. *b.* Segminiforme.

TROISIÈME GENRE.

ARGENT , du grec αργιρος.

	Formes.	
A l'état métallique. *1.re Espèce.* ARGENT NATIF. P. sp. 10,4743. Couleur le blanc éclatant. L'acide nitrique le dissout à froid ; l'acide sulfurique a besoin d'être chauffé. Elasticité inférieure à celle du fer , du platine , du cuivre ; supérieure à l'or , à l'étain et au plomb.	Formes. *Déterminables.* 1. Octaèdre. . . . . . . 2. Cubique. 3. Cubo-octaèdre. *Indéterminables.* 4. Ramuleux. . . . . . . 5. Capillaire. 6. Filiforme. 7. Lamelliforme. 8. Granuliforme. 9. Amorphe.	*a.* Cunéiforme. *b.* Segminiforme. *a.* Divergent. *b.* Réticulé. *c.* Filiciforme.

ESPECES.	VARIÉTÉS.	SOUS-VARIETES.

A l'état de combinaison·

2.ᵉ *Espèce.*

ARGENT ANTIMONIAL.
(*v.* Mine d'argent antimoniale. Mine d'argent blanche.)

D'un blanc - argentin. P.
sp. 9,4406. Cassant, quoique
légèrement malléable, lorsqu'on le frappe avec précau-
tion. Tissu lamelleux. Facile
à réduire par le chalumeau.
Dans l'acide nitrique, il se
couvre en peu de temps d'un
oxyde blanchâtre.

*Analyse de Vauquelin,
de celui d'Andreasberg.*

Argent. . . . . 78.
Antimoine. . : . . . . . 22.
————
100.

3.ᵉ *Espèce.*

ARGENT SULFURÉ.
(*v.* Sulfure d'argent. Argent vitreux.)

P. sp. 6,9099. Malléable.
Cédant aisément au couteau,
qui en détache de petits
coupeaux flexibles. Couleur
gris de plomb. La surface
extérieure est presque terne, à moins qu'il n'ait été
cassé récemment ; alors il
a un éclat assez vif. Facile à

—

Formes.

Déterminables.

1. Prismatique.

Indéterminables.

2. Cylindroïde.
3. Granuleux.
4. Amorphe.

—

Appendice.

Arsénifère et ferrifère.

—

Formes.

Déterminables.

1. Cubique.
2. Cubo-octaèdre.
3. Octaèdre.
4. Dodécaèdre.

Indéterminables.

5. Lamelliforme.

ESPÈCES.	VARIÉTÉS.	SOUS-VARIÉTÉS.
3.e Espèce. réduire au chalumeau, et y donnant un bouton d'un blanc métallique. *Analyse de Sage.* Argent. . . . . 84. Soufre. . . . . 16. ———— 100.	6. Ramuleux. 7. Filiforme. 8. Amorphe.	
4.e Espèce. ARGENT ANTIMONIÉ SULFURÉ. (*v.* Argent rouge.) P. sp. 5,5637 à 5,5886. Cassant, et facile à râcler au couteau. Il est d'un rouge vif, étant pur ; mais il a aussi quelquefois une surface d'un brillant métallique tirant sur le gris de fer, causée par la dissipation de l'oxygène. Translucide, lorsqu'il est rouge ; opaque, lorsqu'il a l'aspect métallique. Electrique par communication. Cassure conchoïde. Poussière d'un rouge-cramoisi. F. p. rhomboïde obtus. Au chalumeau il décrépite, donne une faible odeur d'ail ; chauffé plus fortement, on obtient un bouton d'argent pur.	**Formes.** *Déterminables.* 1. Prismé. 2. Prismatique. 3. Triunitaire. 4. Sexduodécimal. 5. Apophane. 6. Binoternaire. 7. Bisunitaire. 8. Didodécaèdre. 9. Distique. 10. Pentahexaèdre. 11. Tridodécaèdre. 12. Sex-octodécimal. 13. Soustractif. 14. Disjoint. *Indéterminables.* 15. Amorphe. . . . . ———— **Accidens de lumière.** *Couleurs.* 1. Rouge vif. 2. Rouge sombre. 3. Métalloïde.	*a.* Massif. *b.* Granuliforme. *c.* Superficiel.

ESPÈCES.	VARIÉTÉS.	SOUS-VARIÉTÉS.
4.e Espèce. *Analyse de Vauquelin.* Arg. métallique. . . 56,67. Antimoine. . . . . . 16,13. Soufre. . . . . 15,07. Oxygène. . . . . . . 12,13. 100,00.	*Transparence.* 4. Translucide. 5. Opaque. **Alliage.** 1. Ferrifère. 2. Aurifère. ——— **Appendice.** Argent noir.	

5.e Espèce.
 	
ARGENT MURIATÉ.
  (*v.* Argent corné. Muriate d'argent. Mine d'argent corné.)
 	
  P. sp. 4,7488. Mollesse de la cire. Couleur de la corne. Exposé à la lumière, de gris, il prend une teinte violette, et brunit. Il est translucide, étant pur. Il est fusible à la flamme d'une bougie. Le frottement , à l'aide du fer ou du zinc humecté par l'haleine , fait paraître l'argent sous forme métallique à la surface.
 	
Analyse de Klaproth.
 	
Argent. . . . . 67,75.
Aci. muriatique. . . 21,00.
Oxy. de fer. . . . . . 6,00.
Alu. . . . . 3,75.
Aci. sulfurique. . . . 0,25.
Perte. . . . . 3,25.
 	
       100,00.
	———
	
	Formes.
	
	Déterminables.
	
	1. Cubique.
	
	Indéterminables.
	
	2. Amorphe.	

SECOND ORDRE.

Oxydable et réductible immédiatement.

GENRE UNIQUE.

MERCURE.

ESPÈCES.	VARIÉTÉS.	SOUS-VARIÉTÉS.
A l'état métallique. *1.re Espèce.* MERCURE NATIF. (*v.* Vif-argent.) Liquide à une température au-dessus de 32 degrés de froid, sur le thermomètre de Réaumur. P. sp. 13,581. Couleur d'un blanc très-éclatant. Volatil par le chalumeau.	Liquide. —	
2.e Espèce. MERCURE ARGENTAL. (*v.* Amalgame natif.) P. sp. 14,119. Consistance peu forte, cassant. Ayant une couleur blanc d'argent. Laissant une tache blanche métallique sur le cuivre, par le frottement. Au chalumeau le mercure se volatilise, et l'argent reste sous forme métallique. *Analyse.* Mer. . . . . 72,5. Arg. . . . . 27,5. ——— 100,0.	Formes. *Déterminables.* 1. Emarginé. 2. Dodécaèdre. 3. Triforme. *Indéterminables.* 4. Lamelliforme. 5. Amorphe.	

ESPÉCES.	VARIÉTÉS.	SOUS-VARIÉTÉS.
3.ᵉ Espèce. MERCURE SULFURÉ. (*v.* Sulfure de mercure. Cinabre natif. Oxyde de mercure sulfuré rouge.) Divisible parallèlement aux pans d'un prisme hexaèdre régulier , qui est la forme primitive. P. sp. 6,9022 à 10,2185. Se laissant gratter avec un couteau , lorsqu'il est pur. Ne donnant de signe d'électricité résineuse par le frottement , qu'après avoir été isolé. Couleur d'un rouge vif , lorsqu'il est pur. Les mélanges le font passer au brun. Cassure transversale raboteuse. M. in. prisme triangulaire équilatéral. Volatil avec fumée par le chalumeau. *Analyse de Borne.* Mercure. . . . . 80. Soufre. . . . . 20. ———— 100.	Formes. *Déterminables.* 1. Primitif. 2. Bisalterne. *Indéterminables.* 3. Curviligne. 4. Laminaire. 5. Fibreux. 6. Compacte. 7. Pulvérulent. (*v.* Vermillon natif.) ——— Accidens de lumière. *Couleurs.* 1. Rouge vif. 2. Rouge-brun. 3. Brun-noirâtre. *Transparence.* 4. Translucide. 5. Opaque. ——— Appendice. Bituminifère.	*a.* Feuilleté. *b.* Compacte.
5.ᵉ Espèce. MERCURE MURIATÉ. (*v.* Mine de mercure corné. Muriate mercuriel doux.)	Formes. *Déterminables.* 1. Dodécaèdre.	

ESPÈCES.	VARIÉTÉS.	SOUS-VARIÉTÉS.
5.ᵉ Espèce. Fragile, et facile à gratter avec un couteau. Translucide. Couleur tirant sur célle du gris de perle. Volatil en entier par le chalumeau. Mêlé avec la chaux, il donne un précipité rouge.	*Indéterminables.* 2. Concrétionné.	

TROISIÈME ORDRE.

Oxydables, mais non réductibles immédiatement.
Sensiblement ductiles.

PREMIER GENRE.

P L O M B , du latin plumbum.

A l'état métallique. *1.ʳᵉ Espèce.* PLOMB NATIF. P. sp. 11,3523. D'une couleur blanc-sombre et livide. Odeur désagréable , après qu'on l'a frotté. Fusible à un léger degré de chaleur. Soluble par tous les acides. Sa dissolution est précipitée en noir par le sulfure ammoniacal.	Amorphe. (*v.* Plomb volcanique.)	

ESPECES.	VARIÉTÉS.	SOUS-VARIÉTÉS.
	Formes.	
	Déterminables.	
	1. Primitif.	
	2. Cubo-octaèdre.	
	3. Octaèdre.	*a.* Cunéiforme.
2.ᵉ *Espèce.*	4. Pantogène.	*b.* Segminiforme.
PLOMB SULFURÉ.	5. Triforme.	
	6. Unibinaire.	
(*v.* Galène. Sulfure de plomb.)	7. Octotrigésimal.	
	8. Pentacontaèdre.	
P. sp. 7,5875. Non malléable. Râclé avec un couteau, il se réduit en parcelles. Gris métallique, et plus éclatant que celui du plomb pur. F. p. le cube. Facile à fondre et à réduire, à l'aide du chalumeau.	*Indéterminables.*	
	9. Laminaire.	
	10. Lamellaire.	
	11. Granuleux.	
	(*v.* Galène à grain d'acier.)	
	12. Compacte.	
	13. Strié.	
	(*v.* Galène palmée.)	
Analyse de Borne.	Accidens de lumière.	
Plomb. . . . . . 60 à 85.	Irisé.	
Soufre. . . . . . 15 à 25.	Alliages.	
Argent. . . . . $\frac{3}{50}$	1. Argentifère.	
	2. Antimonifère.	
	(*v.* Galène antimoniale.)	
	3. Ferrifère.	
	(*v.* Galène martiale.)	
	Formes.	
3.ᵉ *Espèce.*	*Indéterminables.*	
PLOMB ARSENIÉ.	1. Aciculaire.	
(*v.* Plomb vert arsenical.)	2. Filamenteux.	
	3. Compacte.	

ESPÈCES.	VARIÉTÉS.	SOUS-VARIÉTÉS.
3.ᵉ *Espèce.* **P. sp.** 5,0466. Facile à pulvériser. Réductible par le chalumeau , avec dégagement de vapeurs arsenicales, ou à odeur d'ail, et présentant quelques bulles. *Analyse du plomb arsenié de Cazimour , par Nertchinsk.* Plomb. . . . . 0,35. Arsen. . . . . 0,25. Fer. . . . . 0,14. Argent. . . . . 0,00. ──── 0,74.	**Accidens de lumière.** *Couleurs.* 1. Jaune. 2. Verdâtre.	
4.ᵉ *Espèce.* **PLOMB CHROMATÉ.** (*v.* Plomb rouge. Chromate de plomb.) Se divisant en prismes rectangulaires, qui se soudivisent sur les diagonales des bases. P. sp. 6,0269. Facile à gratter au couteau. Sa couleur , ainsi que celle de sa poussière , tire sur le rouge-orangé. Translucide. Est conducteur de l'électricité. F. p. prisme droit à bases carrées. M. in. prisme triangulaire , rectangle isocèle. Réductible au chalumeau. Colorant en verre l'acide	**Formes.** *Déterminables.* 1. Pyramidé. 2. Dioctaèdre.	

ESPECES.	VARIÉTÉS.	SOUS-VARIÉTÉS.

4.ᵉ Espèce.

muriatique , après deux ou trois heures.

Analyse de Vauquelin.

Ox. de plomb. . . . . 63,96.
Acide chromique. . 36,40.
————
100,36.

Indéterminables.

3. Lamelliforme.

Formes.

Déterminables.

1. Octaèdre.
2. Annulaire.
3. Bipyramidal.
4. Trihexaèdre.
5. Sexoctogonal.
6. Sexduodécimal.
7. Octovigésimal.
8. Sexvigésimal.
9. Hémitrope.
10. Triple.

Indéterminables.

11. Aciculaire.
12. Concrétionné.

5.ᵉ Espèce.

PLOMB CARBONATÉ.
(*v.* Plomb blanc , spathique , corné. Carbonate de plomb.)

P. sp. 6,0717 à 6,5585. Tendre et fragile. Double réfraction à un très-haut degré. F. p. l'octaèdre rectangulaire. M. in. tétraèdre irrégulier. Cassure ondulée , éclatante , ayant souvent un aspect gras. Soluble dans l'acide nitrique avec effervescence ; quelquefois il faut que l'acide soit étendu d'eau. Très-réductible au chalumeau. Noircissant à la vapeur de l'ammoniac sulfuré.

Accidens de lumière.

Couleurs.

1. Limpide.
2. Blanchâtre.
3. Jaunâtre.
4. Nacré.

ESPECES.	VARIÉTÉS.	SOUS-VARIÉTES.
5.ᵉ Espèce. *Analyse de Westrumb.* Ox. de plomb. . . . . 81,2. Ac. carb. . . . . 16,0. Ch. . . . . 0,9. Ox. de fer. . . . . . . 0,3. Perte. . . . . 1,6. —————— 100,0.	*Transparence.* 5. Demi-transparent. 6. Translucide. ——— **Appendice.** Terreux. (Improprement, Minium, Cé- ruse, Massicot, Natif.)	
6.ᵉ Espèce. **PLOMB PHOSPHATÉ.** (Mine de plomb verte, blanche, opaque, grise ou rougeâtre.) P. sp. 6,909 à 6,941. Rayant le plomb carbonaté. Poussière toujours grise, quelle que soit la couleur du morceau soumis à cet essai. F. p. dodécaèdre bipyramidal, qui se subdivise sur ses arrêtes obliques, parallèlement aux pans d'un prisme hexaèdre régulier. M. in. tétraèdre irrégulier. Cassure légèrement éclatante, et un peu ondulée. Donnant, par le chalumeau, un bouton polyèdrique irréductible, dont les facettes paraissent striées, vues à la loupe. *Analyse de Klaproth.* Plomb. . . . . 73,00. Aci. phosphorique. . 18,75. —————— 91,75.	**Formes.** *Déterminables.* 1. Prismatique. 2. Péridodécaèdre. 3. Trihexaèdre. 4. Aciculaire. *Indéterminables.* 5. Aciculaire. 6. Mamelonné. ——— **Accidens de lumière.** *Couleurs.* 1. Jaunâtre. 2. Rougeâtre. 3. Gris-brun. 4. Gris-cendré. 5. Vert. *Transparence.* 6. Translucide. 7. Opaque.	

ESPÈCES.	VARIÉTÉS.	SOUS-VARIÉTÉS.

7.ᵉ Espèce.

PLOMB MOLYBDATÉ.
(*v.* Mine de plomb jaune.)

P. sp. 5,486. Tendre et cassant. F. p. octaèdre rectangulaire, à triangles isocèles. M. in. tétraèdre irrégulier. Cassure transversale légèrement ondulée et peu éclatante. Réductible au chalumeau, décrépite par la chaleur. Noircit par la vapeur du sulfure ammoniacal. Insoluble à froid dans l'acide nitrique étendu d'eau. Non effervescent.

Analyse de Macquart.

Plomb. . . . . 58,74.
Aci. molybdique. . . 28,00.
Oxygène. . . . . 4,76.
Ch. carb. . . . . . . 4,50.
Sil. . . . . 4,00.
———
100,00.

8.ᵉ Espèce.

PLOMB SULFATÉ.
(*v.* Vitriol de plomb. Sulfate de plomb.)

Tendre et facile à écraser par la pression de l'ongle. F. p. octaèdre. M. in. tétraèdre irrégulier. Insoluble

---

Formes.

Déterminables.

1. Bisunitaire.
2. Sexoctonal.
3. Triunitaire.
4. Epointé.
5. Périoctogon.
6. Triforme.

Indéterminables.

7. Lamelliforme.

———

Accidens de lumière.

Couleurs.

1. Jaunâtre.

Transparence.

2. Translucide.

———

Formes.

Déterminables.

1. Primitif. . . . . Cunéiforme.
2. Semi-prismé.
3. Trihexaèdre.
4. Bis-ondécimal.
5. Trioctaèdre.
6. Dissimilaire.

Indéterminables.

7. Granuliforme.

27

ESPÈCES.	VARIÉTÉS.	SOUS-VARIÉTÉS.
dans l'acide nitrique. Un fragment se réduit à la flamme d'une chandelle ; il y devient rouge , et le métal paraît à la surface.	Accidens de lumière. *Couleurs.* 1. Limpide. 2. Jaunâtre. *Transparence.* 3. Translucide.	

DEUXIÈME GENRE.

NIKEL , nom suédois , d'une mine d'où on en a tiré.

Dans son plus grand état de pureté , il a une pesanteur spécifique de 9 ; il est blanc, nuancé de gris. Il agit par attraction sur l'aiguille aimantée, et peut acquérir des pôles. Est réductible en oxyde vert par la chaleur avec le contact de l'air.

ESPÈCES.	VARIÉTÉS.	SOUS-VARIÉTÉS.
1.re Espèce. NIKEL ARSENICAL. (*v.* Kupfernikel.) P. sp. 6,6086 à 6,6481. Très-cassant. Couleur d'un jaune-rougeâtre , tirant sur celui du cuivre pur. Cassure raboteuse et peu brillante. Mis dans l'acide nitrique , il y forme presque aussitôt un dépôt verdâtre. Au chalumeau il répand une odeur d'arsenic ou d'ail.	Formes. *Indéterminables.* Amorphe.	

ESPÈCES.	VARIÉTÉS.	SOUS-VARIÉTÉS.
2.ᵉ Espèce. NIKEL OXYDÉ. (Nikel terreux. Carbonate de nikel. Ocre de nikel.) De couleur verdâtre. A l'aide de la soude boratée, on le réduit, au chalumeau, en nikel métallique. Insoluble dans l'acide nitrique.	*Formes.* *Indéterminables.* 1. Amorphe. 2. Pulvérulent.	

TROISIEME GENRE.

CUIVRE, *du latin* cuprum.

ESPÈCES.	VARIÉTÉS.	SOUS-VARIÉTÉS.
A l'état métallique. **1.ʳᵉ Espèce.** CUIVRE NATIF. P. sp. du cuivre natif de Sibérie , 8,5844. Couleur rouge-jaunâtre. C'est le plus sonore des métaux. Par le frottement, il donne une odeur styptique et nauséabonde. L'ammoniac liquide que l'on verse dessus, prend une belle couleur bleue. Malléable.	*Formes.* *Déterminables.* 1. Cubique. 2. Octaèdre. 3. Cubooctaèdre. 4. Cubododécaèdre. 5. Triforme. 6. Trihexaèdre. *Indéterminables.* 7. Ramuleux. 8. Filamenteux. 9. Lamelliforme. 10. Granuliforme. 11. Concrétionné. 12. Amorphe.	 *a.* Divergent. *b.* Réticulaire. *a.* Mamelonné. *b.* Botryoïde.

ESPÈCES.	VARIÉTÉS.	SOUS-VARIÉTÉS.
A l'état de combinaison. 2.ᵉ *Espèce.* CUIVRE PYRITEUX. P. sp. 4,3154. Non malléable. Cédant aisément à la lime. Donnant rarement des étincelles par le briquet. Couleur du jaune de laiton, ou d'or allié au cuivre. F. p. tétraèdre régulier. Cassure raboteuse. Au chalumeau, par un feu très-vif et très-prolongé, il se fond en globules noirs, qui offrent le brillant métallique du cuivre.	Formes. *Déterminables.* 1. Primitif. 2. Epointé. 3. Cubotétraèdre. 4. Dodécaèdre. 5. Transposé. *Indéterminables.* 6. Concrétionné. 7. Amorphe. ——— Accidens de lumière. Irisé. (*v.* Gorge de pigeon.) ——— Appendice. Hépatique. (*v.* Mine de cuivre violette.) *Analyse de Klaproth.* Cui. . . . . 63,7. Fer. . . . . 12,7. Soufre. . . . . 19,0. Oxygène. . . . . 4,5. Perte. . . . . 0,1. ——— 100,0. ———	
3.ᵉ *Espèce.* CUIVRE GRIS. (*v.* Mine d'argent grise. Mine de cuivre grise. Mine de cuivre antimonial.)	Formes. *Déterminables.* 1. Primitif. 2. Epointé.	

ESPECES.	VARIÉTÉS.	SOUS-VARIÉTÉS.

3.ᵉ Espèce.

P. sp. 4.8648. Non malléa-ble. Facile à briser. Surface grise de l'acier poli, que les cristaux perdent à l'air, en se couvrant d'un oxide. La poussière est noirâtre, avec une teinte de rouge quelque-fois. F. p. tétraèdre régulier. Cassure raboteuse et peu é-clatante. Réductible au cha-lumeau en un bouton métal-lique, qui contient du cui-vre.

Analyse de Klaproth, de celui d'Andreasberg.

Plomb. . . . . 34,00.
Cuivre. . . . . 16,00.
Antimoine. . . . . . 16,00.
Argent. . . . . 2,25.
Fer. . . . . 13,00.
Soufre. . . . . 10,00.
Sil. . . . . 2,50.
Perte. . . . . 6,25.
_____
100,00.

4.ᵉ Espèce.

Cuivre sulfuré.
(*v.* Mine de cuivre vi-treuse ou grise. Sulfure de cuivre.)

P. sp. 4,81 à 5,338. Tendre et cassant. S'égrenant sous le marteau. De couleur grise plus ou moins sombre, tirant

3. Cubotétraèdre.
4. Triépointé.
5. Mixte.
6. Encadré.
7. Dodécaèdre.
8. Apophane-
9. Progressif.
10. Equivalent.
11. Bifère.
12. Identique.

Indéterminables.

13. Amorphe.

Pseudomorphose.

Spiciforme.
(*v.* Argent en épis.)

Formes.

Déterminables.

1. Prismatique.

ESPECES.	VARIÉTÉS.	SOUS-VARIÉTÉS.
4.ᵉ Espèce. sur l'éclat métallique du fer, parfois nuancée de bleuâtre. Les morceaux noirs acquièrent le même éclat par le frottement. La poussière est noirâtre. Donne une dissolution bleue par l'ammoniac. Colore le borax en bleu. Au chalumeau il répand une odeur d'acide sulfurique, se fond en bouillonnant, et donne un bouton métallique mêlé de gris, à raison du fer, et qui pour cela agit sur le barreau aimanté.	*Indéterminables.* 2. Amorphe.	
A l'état d'oxdie. *5.ᵉ Espèce.* CUIVRE OXIDÉ ROUGE. (*v.* Carbonate de cuivre, rouge. Mine de cuivre vitreuse, rouge.) Facile à pulvériser et à râcler avec le couteau. D'un rouge plus ou moins vif; quelquefois avec une teinte de gris métallique. Poussière rouge. F. p. l'octaèdre régulier. M. in. le tétraèdre régulier. Soluble avec effervescence dans l'acide nitrique, et y répandant un nuage verdâtre qui colore l'acide.	**Formes.** *Déterminables.* 1. Primitif. . . . . 2. Cubique. 3. Cubo-octaèdre. 4. Triforme. *Indéterminables.* 5. Capillaire. 6. Lamellaire. 7. Compacte. **Appendice.** Arsenifère,	Cunéiforme.

ESPECES.	VARIÉTÉS.	SOUS-VARIÉTES.
6.ᵉ Espèce. CUIVRE MURIATÉ. (*v.* Sable vert du Pérou.) D'un vert d'émeraude. Projeté sur une flamme quelconque, il l'agrandit, lui communique une couleur en partie verte et en partie bleue. Soluble dans l'acide nitrique, sans effervescence. Colorant en beau bleu l'ammoniac dans lequel on en a jeté.	Formes. *Indéterminables.* Pulvérulent.	
7.ᵉ Espèce. CUIVRE CARBONATÉ BLEU. (*v.* Cuivre oxidé bleu. Azur de cuivre. Fleurs de cuivre bleu.) P. sp. 3,6082. Facile à gratter au couteau. D'un bleu azur. La poussière conserve sa couleur dans l'huile. Frotté sur le papier, il le tache en bleu. F. p. l'octaèdre à triangles scalènes. M. in. tétraèdre irrégulier. Réductible au chalumeau. Soluble avec effervescence dans l'acide nitrique. Verdit le borax, et dans l'instant communique à son verre le brillant métallique du cuivre.	Formes. *Déterminables.* 1. Unitaire. 2. Ternaire. 3. Uniternaire. 4. Additif. *Indéterminables.* 5. Lamelliforme. 6. Granuliforme. 7. Concrétionné. 8. Amorphe. 9. Terreux. (*v.* Bleu de montagne.)	

ESPÈCES.	VARIÉTÉS.	SOUS-VARIÉTÉS.

8.ᵉ *Espèce.*
 	
 CUIVRE CARBONATÉ VERT.
 	
 (*v.* Chaux de cuivre verte. Cuivre oxidé vert. Malachite.)
 	
 P. sp. 3,5718 à 3,6412. Facile à râcler au couteau. D'une belle couleur verte. La poussière qu'il donne par la trituration est un peu plus pâle. Soluble dans l'acide nitrique, avec une effervescence plus ou moins prompte. Sa dissolution par l'ammoniac lui communique une couleur bleue. La poussière projetée sur la flamme la colore en vert.
	Formes.
	
	 Indéterminables.
	
	 1. Soyeux.
	     (*v.* Mine de cuivre satinée.)
	 2. Concrétionné.
	     (*v.* Malachite.)
	 3. Pulvérulent.
	     (*v.* Vert de montagne.)	

9.ᵉ *Espèce.* **CUIVRE ARSENIATÉ.** (*v.* Cuivre oxidé vert arsenical.) Très-tendre et facile à broyer. Couleur vert-pré ou vert d'olive plus ou moins foncé. Décrépite à la flamme d'une bougie. Au chalumeau se réduit difficilement, en donnant une odeur d'arsenic. Colore le verre de borax en vert, ainsi que sa dissolution par l'ammoniac. Se dissout en entier sans effer-	Formes. *Indéterminables.* 1. Lamelliforme.	

ESPÈCES.	VARIÉTÉS.	SOUS-VARIÉTÉS.
vescence dans l'acide nitrique, et colore en vert faible cette dissolution. *Analyse de la première variété, par Vauquelin.* Ox. de cuivre. . . . . . 39. Ac. arsenique. . . . . 43. Eau. . . . . 17. Perte. . . . . 1. ―――― 100.	2. Capillaire.	
10.ᵉ *Espèce.* **CUIVRE SULFATÉ.** (*v.* Cuivre vitriolé. Vitriol bleu.) Saveur fortement styptique. Couleur d'un beau bleu céleste. Translucide quand il est pur. Cassure conchoïde et brillante. F. p. le parallélipipède obliquangle irrégulier. Exposé au feu, il fond très-vite, et devient d'un blanc-bleuâtre. Soluble dans l'eau. Sa dissolution laisse sur le fer poli un enduit cuivreux et rougeâtre, à mesure qu'elle sèche.	Formes. *Déterminables.* Obtenues par le secours de l'art. 1. Primitif. 2. Périhexaèdre. 3. Périoctaèdre. 4. Péridécaèdre. 5. Triunitaire. 6. Isonome. 7. Octodécimal. 8. Soutriple. 9. Dioctaèdre. 10. Complexe. 11. Octoduodécimal. *Indéterminables.* 12. Concrétionné. 13. Amorphe. 14. Pulvérulent.	

29

QUATRIÈME GENRE.

FER.

Pur. Sa p. sp. est de 7,788. Sa couleur grise avec une nuance de bleuâtre. Infusible et soluble par tous les acides.

ESPÈCES.	VARIÉTÉS.	SOUS-VARIÉTÉS.
1.re *Espèce.* FER OXIDULÉ. (*v.* Fer noir. Ethiops martial natif. Aimant.) P. sp. 4,2437 à 4,9394. Cédant à la percussion. Non ductile. Couleur d'un gris sombre à la surface, joint à l'état cristallisé. Limaille noire. Cassure conchoïde. Action très-marquée sur le barreau aimanté, plus sensible que dans les autres mines. F. p. l'octaèdre régulier. M. in. le tétraèdre régulier. Insoluble dans l'acide nitrique.	Formes. *Déterminables.* 1. Primitif. . . . . 2. Emarginé. 3. Dodécaèdre. 4. Transposé. *Indéterminables.* 5. Amorphe. (*v.* Aimant.) 6. Arénacé.	{ *a.* Cunéiforme. { *b.* Segminiforme.
2.e *Espèce.* FER OLIGISTE, c'est-à-dire, peu abondant en métal. (*v.* Mine de fer, grise, spéculaire. Fer micacé.)	Formes. *Déterminables.* 1. Basé. . , ... 2. Binaire. 3. Birhomboïdal. 4. Unitatif. 5. Trapézien. 6. Uniternaire.	Segminiforme.

ESPÈCES.	VARIÉTÉS.	SOUS-VARIÉTÉS.
2.ᵉ Espèce. P. sp. 5,0116 à 5,218. Fragile en lames, mais rayant le verre. Action magnétique assez peu sensible. La surface est d'un gris d'acier. La poussière est noirâtre, avec une teinte de rouge. F. p. rhomboïde un peu aigu. Cassure raboteuse et presque terne dans le fer de l'Ile-d'Elbe et de Framont ; conchoïde et éclatante dans ceux des volcans. Au chalumeau avec un flux, il se colore en vert sombre.	7. Binoternaire. 8. Equivalent. 9. Progressif. 10. Soustractif. *Indéterminables.* 11. Lenticulaire. 12. Laminaire. 13. Ecailleux. 14. Amorphe. — **Accidens de lumière.** *Couleur.* Irisé.	
3.ᵉ Espèce. FER ARSENICAL. (*v.* Pyrite arsenical. Mispikel. Mine d'arsenic blanche.) P. sp. 6,5223. Etincelant au briquet, avec odeur d'ail. Couleur d'un blanc d'étain, tirant sur le jaunâtre. Cassure granuleuse, peu brillante. F. p. prisme droit rhomboïdal. Au chalumeau se convertit en globule de fer cassant, en donnant une odeur d'ail.	**Formes.** *Déterminables.* 1. Primitif. 2. Ditétraèdre. 3. Quadrioctogonal. *Indéterminables.* 4. Amorphe. — **Accidens de lumière.** *Couleur.* Irisé. — **Appendice.** 1. Pyriteux. (*v* Mi. d'arsenic grise.) 2. Argentifère.	

ESPÈCES.	VARIÉTÉS.	SOUS-VARIÉTÉS.
	Formes. *Déterminables.*	
	1. Primitif.	En parallélipipède.
	2. Octaèdre.	Cunéiforme.
	3. Dodécaèdre.	
	4. Triglyphe.	
	5. Trapézoïdal.	
	6. Cubo-octaèdre.	
4.ᵉ *Espèce.*	7. Biforme.	
	8. Cubo-dodécaèdre.	
FER SULFURÉ.	9. Icosaèdre.	
(*v.* Marcassite. Pyrite	10. Cubo-icosaèdre.	
sulfureuse. Py. martiale.)	11. Triacontaèdre.	
	12. Quadriépointé.	
P. sp. 4,1006 à 4,7491. Etin-	13. Pantogène.	
celant presque toujours sous	14. Soustractif.	
le choc du briquet , et ré-	15. Surcomposé.	
pandant une odeur sulfureu-		
se. La surface est d'un jaune	*Indéterminables.*	
de bronze. F. p. le cube. Cas-		
sure raboteuse et peu écla-	16. Rhomboïdal.	
tante ; il y a cependant quel-	17. Surbaissé.	
ques morceaux dont la cas-	18. Dentelé.	
sure est conchoïde , lisse et	19. Dendroïde.	
éclatante. Au chalumeau , il	20. Concrétionné.	*a.* Globuleux ou ovoïde.
exhale une odeur sulfureuse,	21. Radié.	*b.* Cylindrique.
devient roux , un peu atti-	22. Capillaire.	*c.* Fusiforme.
rable à l'aimant , et à un feu	23. Lamelliforme.	
plus fort, on obtient une	24. Granuliforme.	
scorie noirâtre.	25. Amorphe.	
	26. Pseudomorphique.	
	Substances étrangères à cette espèce , qui ont porté le nom de Pyrite et de Marcassite.	
	1. Pyrite cuivreuse. *Le Cuivre pyriteux.*	

ESPECES.	VARIÉTÉS.	SOUS-VARIÉTES.
4.ᵉ Espèce. Fer sulfuré.	2. Pyrite arsenicale. *Le Fer sulfuré arsenical.* 3. Pyrite blanche. *Le Fer arsenical.* 4. Marcassite. *Le Bismuth natif.* 5. Marcassite blanche. *L'Antimoine.*	
	Appendice. Décomposé. (*v.* Mine de fer hépatique.)	
5.ᵉ Espèce. Fer carburé. (*v.* Crayon noir. Plombagine. *n. ch.* Carbure de fer.) P. sp. 2,0891. Se laissant gratter avec un couteau. Electrique par communication. N'électrisant point la cire d'Espagne par frottement. D'une couleur gris-sombre, avec le brillant métallique. Laissant des traces de sa couleur sur le papier. Surface onctueuse et grasse. Volatil au chalumeau. *Analyse de Monge, etc.* Carbone. . . . . 90,9. Fer. . . . . 9,1. 100,0.	**Formes.** *Indéterminables.* 1. Lamelliforme. 2. Granuliforme.	

ESPECES.	VARIÉTÉS.	SOUS-VARIÉTÉS.
	Formes.	
	Indéterminables.	
	1. Hématite.	*a.* Cylindrique.
		b. Mamelonné.
	(*v.* Hématite. Mine de chaux de fer. Terre martiale en hématite.)	
	Accidens de lumière.	
	Couleurs.	
6.ᵉ *Espèce.*	1. Irisé.	*a.* Lamelliforme.
		b. Luisant.
Fer oxidé.	2. Rouge.	(*v.* Fer micacé rouge.)
		c. Grossier.
P. sp. variant de 3 à 5. Souvent étincelant par le briquet. D'une couleur rouge, ordinairement sombre, brune ou jaune, et quelquefois tirant sur le gris métallique. Magnétisme nul, ou très-peu et rarement sensible. Poussière de couleur rouge ou jaunâtre. Exposé au chalumeau, il acquiert le magnétisme polaire.		*d.* Bacillaire.
		a. Géodique.
		(*v.* Fer en géode. Ælite. Pierre d'aigle.)
		b. Globuliforme.
	3. Rubigineux.	(Mine de fer en grains, poids, etc.)
		c. Massif.
		d. Pulvérulent.
		e. Cloisonné.
		(*v.* Fer limoneux cellulaire.)
	Appendice.	
	Quartzifère. (*Voyez* la Terminologie.)	**Formes.**
	(*v.* Emeril.)	*Déterminables.*
	P. sp. environ 4. Etincelant par le choc du briquet. Poussière rayant tous les corps, excepté le diamant. Quelques morceaux agissent sur le barreau aimanté. Con-	Amorphe.

ESPÈCES.	VARIÉTÉS.	SOUS-VARIÉTÉS.
	ducteur de l'électricité. Cassure à grain fin et serré.	Accidens de lumière.
	Analyse de Terrante.	*Couleurs.*
	Alumi. . . . . 8o.	1. Rougeâtre.
	Sil. . . . . 3.	2. Noirâtre.
	Fer. . . . . 4.	3. Gris.
	Parties intactes. . . . . 3.	
	9o.	
7.e Espèce.		
7.e *Espèce.*		
FER AZURÉ.		
(*v.* Bleu de Prusse natif. Fer en oxide bleu.)		
D'un bleu pur, plus ou moins intense. L'action des huiles change cette couleur en noir. Donne au chalumeau une scorie d'un brun-noirâtre, et devient attirable à l'aimant. Mis à l'action du feu avec le verre de borax, il produit un verre de la couleur de celui de bouteille.	**Formes.** *Déterminables.* Pulvérulent.	
8.e *Espèce.*	**Formes.** *Déterminables.*	
FER SULFATÉ.	1. Primitif.	
(*v.* Vitriol martial, de fer, vert. *n. ch.* Sulfate de fer.)	2. Basé.	
	3. Unitaire.	
	4. Epointé.	
Couleur d'un vert clair, excepté la variété fibreuse.	5. Triunitaire.	
	6. Pentogène.	
	7. Equivalent.	

ESPECES.	VARIÉTÉS.	SOUS-VARIETES.
8.ᵉ *Espèce.* Réfraction double. Saveur astringente, à un très-haut degré. F. p. le rhomboïde aigu. Plus soluble dans l'eau chaude que dans l'eau froide; cette dernière en dissout la moitié de son poids. Une goutte de sa dissolution fait à l'instant une tache noire sur l'écorce du chêne. Les végétaux astringens, d'après cela, précipitent sa dissolution en noir.	*Indéterminables.* 8. Fibreux. 9. Amorphe. 10. Farinacé. ——— **Accidens de lumière.** *Couleurs.* 1. Vert-clair. 2. Blanc. *Transparence.* 3. Transparent. 4. Translucide.	
9.ᵉ *Espèce.* **FER CHROMATÉ.** (*n. ch.* Chromate de fer.) P. sp. 4,0326. Rayant le verre. Fragile sous le marteau. Ayant une action sensible sur le barreau aimanté. Cassure très-raboteuse. Couleur d'un brun - noirâtre, avec un léger brillant métallique. Poussière d'un gris-cendré. Des indices de lames, quand on fait mouvoir le corps à une lumière vive. Infusible sans addition ; fusible avec le borax, qu'il colore en vert.	——— **Formes.** *Indéterminables.* Amorphe.	

ESPÈCES.	VARIÉTES.	SOUS-VARIÉTÉS.

9.ᵉ *Espèce.*

Analyse de Vauquelin.

Aci. chromique. . . . 43,0.
Ox. de fer. . . . . . . 34,7.
Alu. . . . . 20,3.
Sil. . . . . 2,0.

          100,0.

10.ᵉ *Espèce.*

FER PHOSPHATÉ.

P. sp. 3,4309. Rayant lé-
gèrement le verre. Poussière
d'un gris jaune. Il est translucide et rougeâtre , réduit
en lames minces. Divisible
en lames qui ont un reflet
brillant et comme cha-
toyant. Dissoluble sans effervescence dans l'acide muriatique. Fusible au chalumeau en émail noir , sans
donner d'odeur pendant la
fusion.

Analyse de Vauquelin.

Ox. de fer. . . . . 31.
Ox. de manga. . . . . . 42.
Ac. phosphorique. . . . 27.

          100.

CINQUIÈME GENRE.

ETAIN, du latin *stannum*.

Lorsqu'il est pur, sa p. sp. est de 7,2963. Il est plus fusible que les métaux ductiles. A une couleur tirant sur celle de l'argent, mais plus sombre. Plié, il fait entendre un petit craquement, que l'on a nommé *cri de l'étain*.

ESPÈCES.	VARIÉTÉS.	SOUS-VARIÉTÉS.
	Formes.	
	Déterminables.	
	1. Pyramidé.	
	2. Dioctaèdre.	
	3. Equivalent.	
	4. Dodécaèdre.	
1.re Espèce.	5. Soustractif.	
	6. Annulaire.	
ÉTAIN OXIDÉ.	7. Opposite.	
(*v.* Mine d'étain vitreuse, commune. Etain brun ou noir.)	8. Récurrent.	
	9. Distique.	
	10. Hémitrope.	
P. sp. 6,9009 à 6,9348. Etincelant par le choc du briquet. Poussière cendrée, ou d'un gris sombre. Electrique par communication, lorsque les morceaux qu'on met en contact avec un conducteur, sont colorés. Cassure raboteuse. F. p. le cube. M. in. prisme triangulaire rectangle isocèle. Lorsqu'on le traite au chalumeau, on obtient un bouton métallique, mais difficilement.	*Indéterminables.*	
	11. Concrétionné.	
	(*v.* Etain limoneux, œillé, en stalactite.)	
	12. Amorphe.	
	13. Granuliforme.	
	———	
	Accidens de lumière.	
	Couleurs.	
	1. Blanchâtre.	
	2. Rouge.	

ESPÈCES.	VARIÉTÉS.	SOUS-VARIÉTES.
	3. Jaunâtre.	
	4. Brun.	
	5. Noirâtre.	
	Transparence.	
	6. Translucide.	
	7. Opaque.	

2.ᵉ *Espèce.*

ETAIN SULFURÉ.
(*v.* Or mussif, natif. *n.ch.*
Etain sulfuré.)

D'après Klaproth, sa p.
sp. est de 4,35. Sa couleur est
nuancée de gris-pâle et de
gris-foncé. Les endroits les
plus purs imitent la couleur
de l'argent. Sa cassure est
grenue, et présente le brillant métallique.

Analyse de Klaproth.

Soufre. . . . . 25.
Etain. . . . . 34.
Cuivre. . . . . 36.
Fer. . . . . 2.
Perte. . . . . 3.
____
100.

SIXIÈME GENRE.

ZINC.

A l'état de pureté, sa p. sp. est de 7,1908. Malléable jusqu'à un certain point. Difficile à briser. Tissu lamelleux. Combustible avec une flamme brillante, et laissant élever des flocons blancs et légers.

ESPÈCES.	VARIÉTÉS.	SOUS-VARIÉTÉS.
1.ʳᵉ Espèce. ZINC OXIDÉ. (*v.* Calamine. Chaux de zinc.) P. sp. 3,5236. Facile à pulvériser. Il est blanchâtre ou jaunâtre, mais limpide dans l'état de pureté. Les cristaux sont électriques par chaleur. F. p. l'octaèdre rectangulaire. M. in. le tétraèdre irrégulier. Soluble en gelée dans l'acide nitrique. Au chalumeau , il donne des flocons blanchâtres qui brûlent avec une flamme verte-bleuâtre. *Analyse de celui de Fribourg, par Pelletier.* Sil. . . . . 50 à 52. Ox. de zinc. . . . . . 36. Phlegme. . . . . 12. 100.	Formes. *Déterminables.* 1. Unitaire. 2. Trapézien. *Indéterminables.* 3. Lamelliforme. 4. Concrétionné.	

ESPECES.	VARIÉTÉS.	SOUS-VARIÉTÉS.
	Formes.	
2.ᵉ *Espèce.*	*Déterminables.*	
ZINC SULFURÉ.	1. Primitif.	
(*v.* Blende. *n. ch.* Sulfure de zinc.)	2. Octaèdre.	
	3. Tétraèdre.	
P. sp. 4,1663. Rayant la baryte sulfatée ; rayé par une pointe d'acier. Réfraction simple. Le plus pur est d'une belle couleur jaune-citron. La poussière, ordinairement grise, est d'un brun-grisâtre, lorsque le morceau est noirâtre. Tissu très-lamelleux. Donnant quelquefois des signes sensibles de phosphorescence dans l'obscurité. Surface des lames très-éclatante. F. p. le dodécaèdre rhomboïdal. M. in. le tétraèdre à faces triangulaires isocèles. M. soustr. le rhomboïde obtus. La poussière, injectée dans l'acide sulfurique, rend une odeur hépatique.	4. Biforme.	
	5. Triforme.	
	6. Transposé.	
	7. Partiel.	
	Indéterminables.	
	8. Lamellaire.	
	9. Concrétionné. . . . . . . {	*a.* Mamelonné. *b.* Globuliforme.
	Accidens de lumière.	
	Couleurs.	
	1. Jaune-citrin.	
	2. Rouge.	
	3. Verdâtre.	
	4. Brun.	
	5. Noirâtre.	
	6. Métalloïde.	
	Transparence.	
Analyse de Bergmann.	7. Transparent.	
Zinc. . . . . 64.	8. Translucide.	
Soufre. . . . . 20.	9. Opaque.	
Fer. . . . . 5.		
Eau. . . . . 6.	**Alliages, ou mélanges accidentels.**	
Aci. fluorique. . . . . 4.		
Sil. . . . . 1.	1. Ferrifère.	
——	2. Aurifère.	
100.	3. Argentifère.	

ESPÈCES.	VARIÉTÉS.	SOUS-VARIETES.
3.ᵉ *Espèce.* ZINC SULFATÉ. (*v.* Vitriol blanc , de zinc. Couperose blanche. *n. ch.* Sulfate de zinc.) Saveur styptique assez forte. Il est limpide, lorsqu'il est pur. Soluble dans l'eau froide , un peu plus dans l'eau chaude. Exposé au feu , il se boursoufle , brûle avec une flamme brillante , accompagnée de flocons blancs.	Formes. *Déterminables.* 1. Quadrioctonal. *Indéterminables.* 2. Concrétionné. 3. Capillaire.	

SEPTIÈME GENRE.

BISMUTH , de l'allemand *wismuth ,*

Purifié et fondu , sa pesanteur spécifique est de 9,8227.

ESPÈCES.	VARIÉTÉS.	SOUS-VARIETES.
1.ʳᵉ *Espèce.* BISMUTH NATIF. P. sp. 9,0202. Fragile et réductible en grenaille sous le marteau. D'un blanc-jaunâtre. Très-lamelleux. F. p. l'octaèdre régulier. M. in. le tétraèdre régulier. Fusible à la flamme d'une bougie. Soluble dans l'acide nitrique , en y répandant un nuage vert - jaunâtre. Un peu d'eau le précipite de ses dissolutions par les acides.	Formes. *Indéterminables.* 1. Lamellaire, 2. Ramuleux. Accidens de lumière. *Couleur.* Irisé.	

ESPÈCES.	VARIÉTÉS.	SOUS-VARIÉTÉS.
2.ᵉ *Espèce.* **BISMUTH SULFURÉ.** (*v.* Mine sulfureuse de bismuth.) Facile à râcler avec le couteau. Cassure un peu conchoïde. D'une couleur gris de plomb , ou d'une couleur jaunâtre. Divisible en prismes quadrangulaires , qui se soudivisent par deux coupes très-nettes , dans le sens d'une des diagonales de ses bases. Non effervescent à froid dans l'acide nitrique. La dissolution en oxide blanchâtre s'y fait lentement. Fusible à la flamme d'une bougie. Traité au chalumeau, il enveloppe le charbon qui le supporte , d'une vapeur rousse qui blanchit par le refroidissement.	**Formes.** *Indéterminables.* 1. Aciculaire. 2. Lamellaire. — ## Accidens de lumière. *Couleur.* Irisé.	
3.ᵉ *Espèce.* **BISMUTH OXIDÉ.** (*v.* Ocre de bismuth. Mine de bismuth calciforme.) Facile à réduire en bismuth métallique par le chalumeau. D'une couleur jaune-verdâtre.	**Formes.** *Indéterminables.* 1. Amorphe. 2. Pulvérulent.	

HUITIÈME GENRE,

COBALT, tiré de l'allemand, qui signifie *être malfaisant*; parce qu'il est toujours uni à l'arsenic.

Le cobalt pur a une pesanteur spécifique de 8,5384. Il est cassant, facile à pulvériser. Sa cassure est à grain fin et serré, comme son tissu. Sa couleur est le blanc de l'étain. Il agit par attraction sur les pôles de l'aiguille aimantée, et il peut même en acquérir. Il est très-difficile à fondre. Son oxide colore en bleu le borax. Le cobalt est enfin soluble dans l'acide nitrique.

ESPECES.	VARIÉTÉS.	SOUS-VARIÉTES.
1.ʳ Espèce. COBALT ARSENICAL. (*v.* Cobalt gris et blanc.) P. sp. 7,7207. Très-cassant, à grain fin et serré. Les cristaux ont leur surface d'un blanc d'argent ; celle des morceaux amorphes a une teinte plus ou moins apparente de rougeâtre. Faisant effervescence dans l'acide nitrique. Répandant une odeur d'ail à la flamme d'une bougie. Comme il contient un peu de fer, après avoir été exposé au chalumeau, il devient attirable à l'aimant. Fondu avec le verre de borax, il lui communique une belle couleur bleue.	Formes. *Déterminables.* 1. Octaèdre. 2. Cubique. 3. Cubo-octaèdre. 4. Triforme. *Indéterminables.* 5. Concrétionné. 6. Amorphe.	

ESPECES.	VARIÉTÉS.	SOUS-VARIÉTÉS.

2.ᵉ *Espèce.*

COBALT gris.

(Mine de cobalt arsenico-sulfureuse. Cobalt arsenical.)

P. sp. 6,3391 à 6,4509, Etincelant souvent par le choc du briquet, et donnant une odeur d'ail. D'une couleur blanche métallique, tirant un peu sur le gris. Tissu très-lamelleux. F. p. le cube. Soluble dans l'acide nitrique. Odeur d'ail par le chalumeau. Colore en bleu le verre de borax.

Analyse de celui de Tunaberg, par Tassaërt.

Arsenic. . . . . 49,00.
Cobalt. . . . . 36,66.
Fer. . . . . 5,66.
Soufre. . . . . 6,50.
Perte. . . . . 2,18.
                    ————
                    100,00.

Formes.

Déterminables.

1. Octaèdre.
2. Dodécaèdre.
3. Cubo-dodécaèdre.
4. Icosaèdre.
5. Cubo-icosaèdre.
6. Partiel.

Indéterminables.

7. Amorphe.

—

3.ᵉ *Espèce.*

COBALT OXIDÉ noir.

Noir, ou d'un bleu noirâtre. Colorant en bleu le verre de borax. Devenant éclatant, lorsqu'on frotte un corps dur dessus.

Formes.

Indéterminables.

1. Mamelonné.
2. Terreux.
3. Vitreux.
   (*v.* Cobalt en chaux.)

ESPECES.	VARIÉTÉS.	SOUS-VARIÉTES.

4.ᵉ *Espèce*.

COBALT ARSENIATÉ.
(*v.* Fleur de cobalt. Cobalt rouge. Cobalt en efflorescence.)

Rouge mêlé de violet. La poussière demeure semblable à celle de la masse. Exposé au chalumeau avec le borax , il le colore en bleu.

Formes.

Indéterminables.

1. Aciculaire.
2. Pulvérulent.

———

Accidens de lumière.

Transparence.

1. Translucide.
2. Opaque.

———

Appendice.

Terreux argentifère.
(*v.* Mine d'argent. Merde d'oie.)

NEUVIÈME GENRE.

ARSENIC, du grec αρσενικον.

Purifié , sa pesanteur spécifique est de 8,3o8.

A l'état métallique.

1.ʳᵉ *Espèce*.

ARSENIC NATIF.
(*v.* Régule d'arsenic natif.)

P. sp. 5,7633. Très-cassant. Se ternit promptement au feu. Sa couleur, gris d'acier. Répandant une très-forte odeur d'ail, par l'action du feu ou de la percussion.

Formes.

Indéterminables.

1. Concrétionné.
   (*v.* Arsenic testacé.)
2. Amorphe.
   (*v.* Poudre aux mouches. Pierre volante.)

ESPECES.	VARIÉTÉS.	SOUS-VARIETES.
A l'état d'oxide. *2.ᵉ Espèce.* ARSENIC OXIDÉ. (*v*. Chaux d'arsenic. Arsenic en oxide.) **P. sp.** 3,706 à 5. Blanc, soluble dans l'eau, volatil au feu, en répandant une odeur d'ail. Traité au chalumeau sur un charbon, il le couvre d'un enduit blanc qui passe au noir, si l'on y fait tomber le cône intérieur de la flamme.	Formes. *Indéterminables.* 1. Aciculaire. 2. Pulvérulent.	
3.ᵉ Espèce. ARSENIC SULFURÉ. Odeur d'ail et de soufre par le chalumeau ou le feu d'une bougie. Electrique par frottement, et acquérant l'électricité résineuse.	1. Rouge. (*v*. Réalgar natif. Arsenic rouge. Rubine d'arsenic. Réalgal.) **P. sp.** 3,3384. Eclate par la pression de l'ongle. Rouge, ou avec une teinte d'orangé. Translucide. Par fois transparent. Sa poussière est d'une couleur orangée. Cassure conchoïde et brillante. F. p. octaèdre à triangles scalènes. Il perd sa couleur dans l'acide nitrique. 2. Jaune. (*v*. Orpiment natif. Orpin. Arsenic jaune Orpiment.) P. sp. 3,4522. Tendre et un peu flexible. Composé de lames translucides qui ont	Formes. *Déterminables.* *a*. Emoussé. *b*. Sexoctonal. *c*. Dioctaèdre. *d*. Octodécimal. *e*. Octoduodécimal. *f*. Surcomposé. *Indéterminables.* *g*. Concrétionné. *h*. Amorphe. Formes. *Indéterminables.* *a*. Laminaire.

ESPÈCES.	VARIÉTÉS.	SOUS-VARIÉTÉS.
	quelquefois un poli vif. Jaune-citrin , tirant un peu sur le verdâtre. Poussière de même couleur que la masse. Idioélectrique.	*b.* Lamellaire.

DIXIÈME GENRE.

MANGANÈSE. Vient de Magnésien.

Lorsqu'il est pur , sa p. sp. est de 6,85. Il est un peu malléable. D'un blanc métallique ; plus difficile à fondre peut-être que le fer. Son oxide colore en violet le verre de borax. Exposé au feu , il se réduit en oxide.

Espèce unique.		
MANGANÈSE OXIDÉ. (Oxide de manganèse.)		
P. sp. 3,7076 à 4,756. Cependant il est des variétés en masses noirâtres, tachant les doigts , et qui sont plus légères. Tendre , ou même friable , lorsqu'il est seul. Il est blanc , rouge de rose , violet-brun , noir , ou d'un gris métallique. Celui qui est en masses noirâtres, ou d'un gris métallique, tache les doigts et le papier. Il est divisible en prisme rhomboïdal. Exposé au chalumeau avec le borax , il le colore en violet.	**Accidens de lumière.** *Couleur.* 1. Argentin. (*v.* Fleur de manganèse.) 2. Brun. . . . . 3. Noir. . . . . 4. Métalloïde.	*a.* Massif. *b.* Pulvérulent. *a.* Pseudo-prismatique. *b.* Concrétionné. *c.* Ramuleux. *d.* Pulvérulent. *a.* Rhomboïdal. *b.* Quadrioctonal. *c.* Dioctaèdre. *d.* Aciculaire. (*v.* Mang. en aiguille.)

ESPÈCES.	VARIÉTÉS.	SOUS-VARIÉTÉS.
Espèce unique. **MANGANÈSE OXIDÉ.** *Analyse par Vauquelin, du manganèse oxidé de Franc-le-Château.* Oxi. de mang. . . . . . 82. Ox. de fer. . . . . 10 Silice. . . . . 3. Baryte. . . . . 2. Perte. . . . . 3. 100. *Par le même, de celle de Saint-Diey.* Oxi. de mang. . . . . . 82. Chaux carb. . . . . . . 7. Sil. . . . . 6. Eau. . . . . 5. 100.	*Manganèse uni à d'autres substances accidentellement.* 1. Blanc silicifère. . . . . . 2. Rose silicifère. . . . . . 3. Violet silicifère. . . . . 4. Noir barytifère.	*a.* Mamelonné. *b.* Amorphe. *a.* Mamelonné. *b.* Amorphe. Fasciculé.

ONZIÈME GENRE.

ANTIMOINE, du grec ατιμονος, *contre, seul*, parce qu'il se trouve toujours avec d'autres métaux.

	Formes.	
1.ᵉ Espèce. **ANTIMOINE NATIF.** P. sp. de celui du commerce, 6,7021. Très-fragile. Très-lamelleux. D'un blanc d'étain. Divisible parallèlement aux faces d'un octaèdre et à celles d'un dodécaèdre rhomboïdal. S'éva-	*Indéterminables.* Lamellaire.	

34

ESPÈCES.	VARIÉTÉS.	SOUS-VARIÉTÉS.
porant en fumée au chalu meau. Soluble dans l'acide nitrique , où il laisse un dé- pôt blanchâtre.	**Appendice.** Arsenifère. . . . . (*v.* Mine blanche , ou mine ar- senicale d'antimoine.)	{ *a.* Ondulé, { *b.* Lamellaire.
2.ᵉ *Espèce.* ANTIMOINE SULFURÉ. (*v.* Mine d'antimoine grise.) P. sp. 4,1327 à 4,5165. Fra- gile par la pression de l'on- gle. D'un gris d'acier. Ta- chant le papier en noir. Odeur sulfureuse par le frot- tement. Divisible par des coupes très-nettes , dans un sens parallèle à l'axe des cris- taux. Fusible à la flamme d'une bougie , sans avoir besoin d'être réduit en très- petits fragmens. *Analyse de Bergmann.* Antimoine. . . . . 74. Soufre. . . . . 26. ——— 100.	**Formes.** *Déterminables.* 1. Quadrioctonal. 2. Sexoctonal. *Indéterminables.* 3. Cylindroïde. 4. Aciculaire. 5. Capillaire. (*v.* Mine d'anti. en plume.) 6. Amorphe. ——— **Accidens de lumière.** *Couleur.* Irisé. ——— **Appendice.** Argentifère. (*v.* Mine d'argent gris antimo- nial.)	
3.ᵉ *Espèce.* ANTIMOINE OXIDÉ. (*v.* Muriate d'antimoine. Antimoine en oxide blanc.)	**Formes.** *Indéterminables.* 1. Laminaire.	

ESPECES.	VARIÉTÉS.	SOUS-VARIETES.
3.ᵉ Espèce. Facile à entamer avec le couteau. Lamelleux dans un sens. Blanc-nacré. Fusible à la simple flamme d'une bougie. Décrépitant sur un charbon ardent. S'évaporant en fumée au chalumeau. *Analyse de celui d'Alle-mont, par Vauquelin.* Ox. d'anti. . . . . 86. Ox. d'an. avec ox. de fer. 3. Sil. . . . . 8. Perte. . . . . 3. ─── 100.	2. Aciculaire.	
4.ᵉ Espèce. ANTIMOINE HYDROSUL-FURÉ. (*v.* Oxide rouge arsenical d'antimoine.) Rouge sombre tirant sur le mordoré. Poussière obte-nue par la trituration de même couleur. Se couvrant d'un enduit blanchâtre dans l'acide nitrique. S'évaporant en fumée au chalumeau.	Formes. *Indéterminables.* 1. Aciculaire. (*v.* Mine d'antimoine rouge eu plumes.) 2. Amorphe. (*v.* Kermès minéral natif.)	
5.ᵉ Espèce. ANTIMOINE MURIATÉ. D'une couleur blanche nacrée, cristallisée en lames rectangulaires et en aiguil-les.		

DOUZIÈME GENRE.

URANE, dérivé du grec υρανια, c'est-à-dire, ciel.

Celui qui est purifié a une pesanteur spécifique de 6,44. Il est soluble dans l'acide nitrique. Sa couleur est le gris foncé un peu éclatant. Le couteau l'entame.

ESPÈCES.	VARIÉTÉS.	SOUS-VARIÉTÉS.
1.ʳᵉ Espèce. URANE OXIDULÉ. (*v.* Bleu de poix. Uranite sulfureuse.) P. sp. 6,5304. Assez difficile à entamer avec le couteau. Brun - noirâtre, aver un luisant un peu métallique à certains endroits. Poussière obtenue par la trituration, de même couleur que la masse. Un peu feuilletè dans un sens ; feuillets à surface ondulée. S'électrisant par communication. Soluble dans l'acide nitrique , en commençant par faire effervescence. *Analyse de Klaproth.* Urane. . . . . 86,5. Plomb sulfuré. . . . . 6,0. Ox. de fer. . . . . 2,5. Sil. . . . . 5,0. 100,0.	**Formes.** *Indéterminables.* Amorphe.	

ESPÈCES.	VARIÉTÉS.	SOUS-VARIÉTÉS.
2.ᵉ Espèce. **URANE OXIDÉ.** (*v.* Cuivre corné. Muriate de cuivre. Urane en oxide.) P. sp. 3,1212. Très-fragile. F. p. prisme droit à bases carrées. Soluble sans effervescence dans l'acide nitrique, auquel il communique une belle couleur jaune-citrin. Exposé au chalumeau seul, il est infusible ; mais avec le borax, il donne un verre d'une belle couleur de topaze.	**Formes.** *Déterminables.* 1. Primitif. 2. Octaèdre. 3. Trapézien. *Indéterminables.* 4. Flabelliforme. 5. Lamelliforme. 6. Pulvérulent. ——— **Accidens de lumière.** *Couleurs.* 1. Jaune-citron. 2. Vert. 3. Blanchâtre. 4. Bleuâtre. *Transparence.* 5. Translucide.	

TREIZIÈME GENRE.

MOLYBDÈNE, du grec μολιβδος, plomb, parce qu'on l'avait regardé comme une mine de plomb.

Ce métal, purifié, a une couleur métallique. Est très-réfractaire ; et poussé à un feu violent, ses grains s'aglutinent seulement un peu. Il est réductible en oxide blanc, par la chaleur à l'air libre, ou par l'acide nitrique.

ESPÈCES.	VARIÉTÉS.	SOUS-VARIÉTÉS.
Espèce unique. MOLYBDÈNE SULFURÉ. (*v.* Potelot. Sulfure de molybdène.) P. sp. 4,7385. Facile à gratter au couteau. Composé de lames séparables, flexibles, non élastiques. Gris de plomb, mais un peu plus clair. Surface onctueuse au toucher. Tachant le papier en gris métallique. Formant des traits verdâtres sur la faïence ou sur la porcelaine. Conducteur de l'électricité. Frotté lorsqu'il est isolé, il acquiert l'électricité résineuse. Communique à la cire d'Espagne l'électricité vitrée, par le frottement. F. p. présumé prisme droit à bases rhombes. Volatil en fumée blanche, par le chalumeau, avec une odeur sulfureuse. Colorant en vert la flamme qui le volatilise.	Formes. *Déterminables.* 1. Prismatique. 2. Trihexaèdre.	

ESPÈCES.	VARIÉTÉS.	SOUS-VARIÉTÉS.
Analyse de Deborn. Acide molybdique. . . 45. Soufre. . . . . 55. ─── 100.	*Indéterminables.* 3. Lamellaire.	

QUATORZIÈME GENRE.

TITANE, du nom des Titans, fils de la Terre.

1.re Espèce.		
TITANE OXIDÉ. (*v.* Schorl rouge. Adamantine. Sagénite. Titanite. Titane en oxide.) P. sp. 4,1025 à 4,2469. Rayant le verre et quelquefois le quartz. Rouge-brunâtre, tirant quelquefois sur le rouge-aurore. Opaque en général. Peu électrique par communication. F. p. prisme droit à bases carrées. M. in. prisme rectangulaire. Rectangles isocèles. Cassure transversale raboteuse. Seul infusible ; mais avec le borax, il se fond en se boursouflant, et donne un verre jaunâtre.	**Formes.** *Déterminables.* 1. Géniculé. . . . . *Indéterminables.* 2. Cylindroïde. 3. Aciculaire. 4. Réticulaire. 5. Amorphe. ──── **Appendice.** Ferrifère.	*a.* Bis-unitaire. *b.* Ternaire. *c.* Soustractif. *a.* Granuliforme. *b.* Massif. (*v.* Menakainte.)
2.e Espèce.		
TITANE SILICO-CALCAIRE. (*v.* Titanite.) P. sp. 3,51. Fragile, mais assez difficile à pulvériser.	**Formes.** *Déterminables.* 1. Ditétraèdre. 2. Uniternaire.	

ESPÈCES.	VARIÉTÉS.	SOUS-VARIÉTÉS.
2.ᵉ Espèce. F. p. prisme droit rhomboï-dal. Infusible au chalumeau. *Analyse de celui de Pas-saw, par Klaproth.* Sil. . . . . 35. Ch. . . . . 33. Ox. de titane. . . . . . 33. ――― 101 *Analyse de celui d'Aren-dal, variété brune, par Abildgaard.* Sil. . . . . 22. Ch. . . . . 20. Ox. de titane. . . . . . 58. ――― 100. *Du même, de la variété blanchâtre.* Sil. . . . . 8. Ch. . . . . 18. Ox. de titane. . . . . . 74. ――― 100.	**Accidens de lumière.** *Couleurs.* 1. Brun. 2. Blanchâtre. *Transparence.* 1. Translucide. 2. Opaque.	

QUINZIÈME GENRE.

SCHÉELIN, (*v.* Tungstène,) du nom du célèbre Schéel.

ESPÈCES.	VARIÉTÉS.	SOUS-VARIÉTÉS.
1.ʳᵉ Espèce. SCHÉELIN FERRUGINÉ. (*v.* Wolfram. Mine de fer basaltique. Tungstène avec fer.)	Formes. *Déterminables.* 1. Primitif. 2. Epointé.	

ESPÈCES.	VARIÉTÉS.	SOUS-VARIÉTÉS.
1.re Espèce. P. sp. 7,3333. Cédant facilement à la lime. Noir, ou noir-brunâtre, avec un éclat approchant du métallique sous certains aspects. Poussière d'un violet sombre ou d'un brun légèrement rougeâtre. Médiocrement électrique par communication. F. p. parallélipipède rectangle. Cassure transversale, raboteuse. *Analyse de Vauquelin.* Ac. schéelique. . . . 67,00. Ox. de fer. . . . . . 18,00. Ox. de mang. . . . 6,25. Sil. . . . . 1,50. Perte. . . . . 7,25. ————— 100,00.	3. Unibinaire. 4. Progressif. *Indéterminables.* 5. Lamelliforme. 6. Amorphe.	
2.e Espèce. SHÉELIN CALCAIRE. (*v.* Wolfram blanc. Mine d'étain blanche. Tungstate calcaire.) P. sp. 6,0665. Assez facile à gratter avec un couteau. Surface grasse à l'œil et au toucher. Cassure brillante et lamelleuse. Étincelant quelquefois sous le briquet. Couleur blanchâtre-perlé. F. p. le cube. M. in. le tétraèdre régulier. Poussière jaunissant dans l'acide nitrique chauffé.	Formes. *Déterminables.* 1. Octaèdre. *Indéterminables.* Amorphe.	

ESPÈCES.	VARIÉTÉS.	SOUS-VARIÉTÉS.
2.ᵉ Espèce. *Analyse de celui de Schœn-feld, par Deborn.* Acide schéelique. . . 42,7. Chaux. . . . . 56,3. ——— 100,0. *Analyse de Deluyar.* Acide schéelique. . . . 68. Chaux. . . . . 3o. ——— 98.	Accidens de lumière. *Couleurs.* 1. Blanchâtre. 2. Jaunâtre. 3. Brunâtre. 4. Rougeâtre. *Transparence.* 5. Translucide.	

SEIZIÈME GENRE.

TELLURE, de *tellus*, terre.

Pur, sa pesanteur spécifique est de 6,115. Il est fragile, d'un blanc d'étain tirant sur le plomb. Sa structure est lamelleuse, et sa couleur métallique. Au chalumeau, il brûle avec une flamme assez vive, d'une couleur bleue, qui verdit un peu vers les bords ; ensuite il se volatilise en fumée blanchâtre, en répandant une odeur de rave. Le bouton qu'on ne fait pas volatiliser, reste assez long-temps en liquidité, et sa surface devient radiée en se refroidissant.

Espèce unique. **TELLURE NATIF.**	1. Ferrifère et aurifère. (*v.* Or blanc.) P. sp. 5,723. Blanc d'étain, mais plus sombre, ayant parfois une teinte jaunâtre. Tendre et fragile. Frotté sur le papier, il le tache légèrement en noirâtre. Décrépite au chalumeau, se fond comme le plomb, et brûle avec une flamme vive et brunâtre, en répandant une odeur	Formes. *Indéterminables.* Lamelliforme.

ESPÈCES.	VARIÉTÉS.	SOUS-VARIÉTÉS.
	âcre. Il finit par se dissiper en fumée blanche, et laisse un résidu ressemblant à de la silice. *Analyse de Klaproth.* Tellure. . . . . 25,5. Fer. . . . . 72,0. Or. . . . . 2,5. ——— 100,0. 2. Aurifère et argentifère. Caractère du précédent. *Analyse de Klaproth.* Tellure. . . . . 60. Or. . . . . 30. Argent. . . . . 10. ——— 100.	Graphique. (*v.* Or blanc dendritique.)
Espèce unique. TELLURE NATIF.	3. Aurifère et plombifère. (*v.* Or gris de Nagyag.) P. sp. 8,919. Gris métallique sombre. Quelquefois avec une teinte jaunâtre. Formé par des feuillets minces, flexibles et luisans. Tendre et flexible sans élasticité. Tachant légèrement le papier en noir. Exposé au feu, l'or suinte à travers la masse en gouttelettes. *Analyse de Klaproth.* Plomb. . . . . 50,0. Tellure. . . . . 33,0. Or. . . . . 8,5. Soufre. . . . . 7,5. Argent et cuivre. . . . 1,0. ——— 100,0.	— **Formes.** *Déterminables:* *a.* Hexagonal. *Indéterminables:* *b.* Laminaire. *c.* Lamelliforme.

ESPECES.	VARIÉTÉS.	SOUS-VARIÉTÉS.
Espèce unique. TELLURE NATIF.	4. Aurifère. (*v.* Mine d'or jaunâtre de Nagyag.) P. sp. 10,178. Texture filamenteuse. Surface chatoyante. Couleur jaunâtre. *Analyse.* Tellure. . . . . 45,0. Or. . . . . 27,0. Plomb. . . . . 19,5. Argent. . . . . 8,5 <hr>100,0.	

DIX-SEPTIÈME GENRE.

CHROME, c'est-à-dire , corps colorant.

Exposé à la chaleur du chalumeau , il est infusible ; il se couvre seulement d'une croûte légèrement verdâtre. Chauffé avec le borax , il diminue un peu de volume , et colore ce sel en vert. Son oxide est vert, et donne un acide concret rouge.

APPENDICE.

TANTALITE. (*Voyez* la Terminologie.)

Insoluble dans tous les acides ; mais soluble dans l'eau , après avoir été soumis au feu avec l'alcali caustique, ou potasse caustique, et se laissant alors précipiter par les acides en poudre blanche. Inaltérable au feu , sans qu'il puisse agir sur sa masse ; fusible au chalumeau, avec la soude boratée , sans en colorer le flux. Exposé à une forte chaleur dans un creuset, avec du charbon pilé, on obtient un bouton métallique médiocrement dur, d'une cassure matte, ayant l'éclat métallique ; revenant à son premier état, lorsqu'il est mis dans les acides.

ESPECES.	VARIÉTES.	SOUS-VARIÉTÈS.
1.ʳ Espèce. TANTALITE YTTRIFÈRE. (*v.* Yttrotantalite.) Ayant une couleur noirâtre, l'aspect métallique des cristaux d'étain, rayant fortement le verre, susceptible de cristallisation. **2.ᵉ Espèce.** TANTALITE FERRIFÈRE.		

COLOMBIN. (*Voyez* la Terminologie.)

Espèce unique. COLOMBIN FERRIFÈRE. Substance lourde, de couleur d'un gris foncé tirant sur le noir. Un peu attaquable à l'acide sulfurique qui ne s'unit qu'au fer. Donnant par des préparations chimiques un précipité que l'on pense être un acide, et qui en a quelques propriétés. Ayant un peu de ressemblance avec le chromate de fer de Sibérie.		

PREMIER APPENDICE.

AGRÉGATS DE DIFFÉRENTES SUBSTANCES.

PREMIER ORDRE.

Agrégats que l'on regarde comme étant de première formation, et qu'on appelle Roches.

ROCHES.

ESPÈCES.	VARIÉTÉS.	SOUS-VARIÉTÉS.
A bases simples. *1.ᵉ Espèce.* ROCHE FELD-SPATHIQUE.	1. Avec quartz et mica. . . (*v.* Quartz à trois sub- stances.) 2. Avec quartz mica et tour- maline. (*v.* Granite à quatre sub- stances.) 3. Avec quartz gris. (*v.* Pierre ou granite gra- phique.)	*a.* Rougeâtre. (*ex.* Granite égyptien.) *b.* Bleu. (*ex.* Granite de Styrie.)
2.ᵉ Espèce. ROCHE QUARTZEUSE.	1. Avec mica. . . . . (*v.* Quartz micacé.) 2. Avec actinote.	Fissile. (*ex.* Gneiss de quelques au- teurs.) Globuleuse stratiforme. (*ex.* Granite globuleux de Corse.)

ESPÈCES.	VARIÉTÉS.	SOUS-VARIÉTÉS.
3.ᵉ Espèce. Roche amphibolique.	Noire. (*ex.* Granite noir.)	
4.ᵉ Espèce. Roche micacée.	Feuilletée. (*ex.* Gneiss.)	
5.ᵉ Espèce. Roche talqueuse.	1. Ecailleuse. 2. Lamellaire. 3. Stéatiteuse.	
6.ᵉ Espèce. Roche calcaire.	1. Blanche veinée de noir. 2. Blanche veinée de talc verdâtre. (*ex.* Marbre cipolin.) 3. Bleuâtre. (*ex.* Marbre bleu turquin.)	
7.ᵉ Espèce. Roche jadienne.	Tenace. (*ex.* Vert de Corse.)	
A bases composées. *8.ᵉ Espèce.* Roche pétro-siliceuse.	1. Noirâtre. (*ex.* Porphyre noir.) 2. Rougeâtre ou blanchâtre.	
9.ᵉ Espèce. Roche cornéenne. (*v.* Pierre de corne.) Couleur noirâtre. Cassure terne et terreuse. Donnant une odeur argileuse par la vapeur de l'haleine. Non étincelante sous le briquet. Difficile à casser et à broyer, semblant plier sous le marteau. Souvent attirable à l'aimant. Se fond en verre noir, exposée au chalumeau.	1. Grise ou brune amygdaloïde. (*ex.* Variolite du Drac.) 2. Dure rouge. (*ex.* Porphyre rouge.) 3. Dure noire verdâtre. (*v.* Ophite. Serpentine ou Porphyre noir antique.) 4. Dure noirâtre amygdaloïde. (*ex.* Variolite de la Durance.)	

ESPÈCES.	VARIÉTÉS.	SOUS-VARIÉTÉS.
10.ᵉ Espèce. ROCHE SERPENTINEUSE. (*v.* Serpentine.) P. sp. 2,26 à 3. Plus ou moins facile à râcler avec le couteau. Susceptible d'être travaillée au tour et de recevoir le poli. Tissu granuleux, quelquefois fibreux. Poussière grise et douce au toucher. Souvent attirable à l'aimant. Grise, verte, ou noirâtre.	1. Avec mica. 2. Avec asbeste. 3. Verte avec calcaire blanc. (*v.* Marbre vert. Vert antique.)	
11.ᵉ Espèce. ROCHE ARGILEUSE.	1. Feuilletée. (*v.* Schiste primitif.) 2. Feuilletée, avec axinite et feld-spath.	

SECOND ORDRE.

Agrégats qui sont regardés comme de seconde ou troisième formation, et qui paraissent devoir souvent leur naissance à des sédimens, et leur dureté au desséchement.

ESPÈCES.	VARIÉTÉS.	SOUS-VARIÉTÉS.

1.ʳᵉ Espèce.
 	
ARGILE.
 	
Donnant par la vapeur de l'haleine une odeur qui lui est propre, et qu'on appelle argileuse pour cette raison Happant à la langue, mais non pas toujours. Cassure terreuse. Se polissant avec l'ongle ou le doigt. Poli doux
	1. Glaise. . . . .
	   (*v.* Terre glaise. Terre à brique. Terre à potier.)
	2. Smectite.
	   (*v.* Terre à foulon. Argile à foulon. Argile savonneuse.)
	3. Lithomarge.
	4. Ocreuse. . . . .
		a. Blanche.
		b. Grise.
		c. Bleuâtre.
		d. Rouge.
		e. Jaune.
		f. Noire.
		g. Violette.
		h. Marbrée.
		
		a. Rouge. . . Graphique.
		        (*v.* Crayon rouge.)
		b. Jaune.
		c. Brune.

ESPECES.	VARIÉTÉS.	SOUS-VARIETES.
et gras. Faisant le plus ordinairement pâte avec l'eau. Elle y produit quelquefois des bulles comme le savon. Composée de silice, d'alumine, de fer, et par fois de magnésie.	5. Schisteuse. . . . . (*v.* Schiste.)	*a.* Tabulaire. *b.* Tégulaire. . . { 1. Bleue. / 2. Bleuâtre. / 3. Rousse. / 4. Grise. (*v.* Ardoise.) *c.* Graphique. (*v.* Crayon noir. Pierre noire des charpentiers.) *d.* Novaculaire. (*v.* Pierre à rasoir,)
2.e *Espèce.* **Argile calcarifère.** (*v.* Marne.) Peu ou point ductile, quand elle est humectée. Soluble en partie dans l'acide nitrique. Sa dureté varie; il y en a de pulvérulent.	1. D'engrais. . . . . 2. Sphéroïdale, cloisonnée. (*v.* Ludus Helmontii.)	*a.* Jaunâtre. *b.* Blanchâtre. *c.* Grise-bleuâtre.
3.e *Espèce.* **Calcaire polissable argillo-ferrifère, *ou* marbre secondaire.** Cassure terne et terreuse. Couleur plus ou moins vive, sur-tout après le poli.	1. Marbre panaché. (1. Marbre cervelas.) 2. Marbre lumachelle. . . . 3. Ruiniforme. (*v.* Pierre de Florence.)	Opalin. (*v.* Luma de Carinthie.)
4.e *Espèce.* **Chaux sulfatée calcarifère.** (*v.* Pierre à plâtre.) Donnant du plâtre par la calcination. Cassure ter-		

ESPÈCES.	VARIÉTÉS.	SOUS-VARIÉTÉS.

4.ᵉ Espèce.

reuse, quelquefois brillantée par des particules plus pures que la masse.

Analyse de Vauquelin.

Sil. . . . . 54.
Alu. . . . . 20.
———
74.

TROISIÈME ORDRE.

Agrégats composés de fragmens ou de débris, aglutinés postérieurement
à la formation des substances auxquelles ils ont appartenu.

1.ʳᵉ Espèce.

QUARTZ-AGATE BRÈCHE.
(*v.* Brèche dure. Poudding.)

Fragmens anguleux ou roulés de quartz-agate, liés entr'eux par un ciment siliceux.

1. A fragmens anguleux.
(*ex.* Poudding anglais.)
2. A fragmens roulés.
(*ex.* Caillou de Rennes.)

2.ᵉ Espèce.

CALCAIRE BRÈCHE.
(*v.* Brèche calcaire. Marbre brèche.)

Fragmens de calcaire polissable, enveloppé ordinairement par un ciment de même nature.

A fragmens rouges, jaunâtres ou grisâtres.
(*ex.* Brèche d'Alep.)

ESPÈCES.	VARIÉTÉS.	SOUS-VARIÉTÉS.
	Formes.	
	Indéterminables.	
	1. Dur.	
	(*ex.* Grès des paveurs.)	
3.ᵉ *Espèce.*	2. Demi-dur.	
	(*ex.* Grès des remouleurs.)	
QUARTZ ARENACÉ AGLU-TINÉ.	3. Filtrant.	
	(*v.* Grès poreux.)	
(*v.* Grès.)	4. Pulvérulent.	
	(*v.* Grès du Levant, ou de Turquie.)	
Composé de petits grains quartzeux, plus ou moins distincts à l'œil, liés entre eux par un ciment siliceux ou argileux.	5. Lustré.	
	6. Micacé flexible.	
	7. Ferrifère.	*a.* Amorphe.
		b. Tubulé.
	Accidens de lumière.	
	Couleurs.	
	1. Grisâtre.	
	2. Rougeâtre.	
	3. Jaunâtre.	
	4. Onyx.	
	5. Arborisé.	
4.ᵉ *Espèce.*		
QUARTZ ALUMINIFÈRE TRIPOLIN.		
(*v.* Tripoli formé par la voie aqueuse.)		
Aspect argileux. Facile à réduire en poudre, qui est aride au toucher. Passé avec frottement sur un métal, il en prend l'éclat et la cou-	**Accidens de lumière.**	
	Couleurs.	
	1. Jaunâtre.	
	2. Rougeâtre.	

ESPÈCES.	VARIÉTÉS.	SOUS-VARIÉTÉS.

4.ᵉ *Espèce.*

leur. Il ne fait point pâte
avec l'eau. Se fond difficilement sans addition.

Analyse par Haasse.

Sil. . . . . 90.
Alu. . . . . 7.
Fer. . . . . 3.
———
100.

5.ᵉ *Espèce.*

GRANIT DÉCOMPOSÉ.
(*v.* Grès des houillères.)

C'est l'assemblage de dé-
bris d'une roche granitique,
aglutinés par une seconde
opération de la nature.

DEUXIÈME APPENDICE.

PRODUITS VOLCANIQUES.

PREMIÈRE CLASSE.

LAVES, de l'italien *lava*.

Matières qui ont éprouvé la fluidité ignée.

PREMIER ORDRE.

Laves lithoïdes, c'est-à-dire, ayant l'aspect d'une pierre. Ce sont les laves proprement dites ; elles n'offrent l'apparence d'aucun changement dans leurs constitutions primitives.

PREMIER GENRE.

Laves lithoïdes basaltiques. Ayant en général le caractère approchant des roches cornéennes. Beaucoup agissent sur le barreau aimanté, ou possèdent même le magnétisme polaire, sur-tout celles qui sont compactes ou noirâtres.

ESPÈCES.	VARIÉTÉS.	SOUS-VARIÉTÉS.
LAVE LITHOÏDE BASALTIQUE. Ayant le caractère du genre.	Formes. *Déterminables.* 1. Prismatique....... (*v.* Basalte en colonnes, ou affectant des formes.) Prismes ayant de quelques pouces à 3o pieds de hauteur, et de quelques lignes à 8 ou 10 pieds de diamètre.	*a.* Prismatique. *b.* Tétragone. *c.* Pentagone. *d.* Exagone. *e.* Heptagone. *f.* Octogone. *g.* Ennéagone. *h.* Articulée.

39

ESPÈCES.	VARIÉTÉS.	SOUS-VARIÉTÉS.
LAVE LITHOÏDE BASAL-TIQUE.	**Formes.** *Indéterminables.* 2. Sphéroïde. (*v.* Lave en boule , ou glo-buleuse. Basalte en boule.) Les boules ayant de 2 pou-ces à 5 et 6 pieds de diamè-tre ; composées de couches concentriques. 3. Tabulaire. (*v.* Basalte en table.) Formée de couches qui se lèvent comme les feuillets de l'ardoise. 4. Amorphe. *Tissu.* 5. Compacte. 6. Poreuse. Quoique criblée de pores , elle a cependant un aspect pierreux ; ce qui la distin-gue des laves scorifiées. (*ex.* La pierre de Volvic.) *Composition.* 7. Uniforme. 8. Mélangée. Elle renferme des grains très-distincts de substances qui , pour l'ordinaire , se trouvent dans le voisinage des volcans ; tels le feld-spath , le pyroxène , l'am-phibole , le mica, etc. (*ex.* L'œil de perdrix , qui renferme de l'amphigène deve-nue blanche et friable par l'al-tération.)	

ESPÈCES.	VARIÉTÉS.	SOUS-VARIÉTÉS.
Lave lithoïde basaltique.	Accidens de lumière. *Couleurs.* 1. Noire. 2. Brune. 3. Grise. 4. Bleuâtre.	

SECOND GENRE.

LAVES LITHOÏDES PÉTRO-SILICEUSES.

Ayant pour base le pétro-silex.

ESPÈCES.	VARIÉTÉS.	SOUS-VARIÉTÉS.
Lave lithoïde pétro-siliceuse. Ayant le caractère du genre.	*Composition.* 1. Uniforme. 2. Mélangée. Elles se trouvent mêlées avec du feld-spath, du pyroxène, de l'amphibole, des grenats, de l'amphigène, du péridot, du mica, du fer oligiste, etc.	

TROISIÈME GENRE.

LAVES LITHOÏDES FELD-SPATHIQUES.

Ayant pour base le feld-spath.

ESPÈCES.	VARIÉTÉS.	SOUS-VARIÉTÉS.
Lave lithoïde feld-spathique. Ayant le caractère du genre.	*Composition.* 1. Uniforme. 2. Mélangée. Renfermant sous la forme de cristaux les substances que l'on trouve dans les volcans.	

QUATRIÈME GENRE.

LAVES LITHOÏDES AMPHIGÉNIQUES.

ESPECES.	VARIÉTES.	SOUS-VARIÉTÉS.
LAVE LITHOÏDE AMPHI-GÉNIQUE.	*Composition.* 1. Uniforme. 2. Mélangée. Renfermant différens cristaux de diverses substances.	

SECOND ORDRE.

GENRE UNIQUE.

LAVES VITREUSES.

Ayant plus ou moins l'apparence de matières vitrifiées.

ESPECES.	VARIÉTES.	SOUS-VARIÉTÉS.
LAVE VITREUSE.	1. Obsidienne. (*v.* Agate de volcans. Verre de volcans. Pierre de galinace. Agate noire d'Islande.) Ayant entièrement l'aspect du verre.	*Formes.* *Indéterminables.* *a.* Massive. *b.* Granuleuse. — Accidens de lumière. *Couleurs.* *a.* Bleuâtre. *b.* Verdâtre. *c.* Grise. *d.* Noire. *e.* Vert-noirâtre. *Transparence.* *f.* Translucide. *g.* Opaque.

ESPÈCES.	VARIÉTÉS.	SOUS-VARIÉTÉS.
	2. Emaillée. (*v.* Verre ou laitier de volcans.) Imparfaitement vitrifiée, et ressemblant aux émaux artificiels.	Accidens de lumière. *Couleurs.* *a.* Grise. *b.* Noirâtre.
LAVE VITREUSE.	3. Perlée. P. sp. 2,5480. Grise, un peu translucide. Surface luisante et comme nacrée. Très-fragile. Se fond au chalumeau avec un boursouflement considérable. Donnant souvent l'odeur argileuse par la vapeur de l'haleine.	
	4. Pumicée. (*v.* Ponce. Pierre ponce.) Bulleuse, composée de fibres très-fragiles, d'un aspect soyeux et luisant, souvent contournées. Sa poussière est très-âpre sous les doigts. Ayant un grain rude.	Accidens de lumière.] *Couleurs.* 1. Blanche. 2. Grise. 3. Rougeâtre. Mélangée avec feld-spath, pyroxène, amphigène, etc.
	5. Capillaire. (*v.* Verre de volcans en filets capillaires.) En filets isolés, ou réunis en masses dont les filets sont distincts et d'une grosseur qui ne permet pas de les confondre avec la précédente.	Accidens de lumière. *Couleurs.* 1. Jaune. 2. Noirâtre.

TROISIÈME ORDRE.

Laves vitreuses , ayant plus ou moins l'apparence de scories de forges.

ESPÈCES.	VARIÉTÉS.	SOUS-VARIÉTÉS.
LAVES SCORIFIÉES.	LAVE SCORIFIÉE. *Formes indéterminables.* 1. Massive. 2. Arénacée. (*v.* Sable volcanique.) *Composition.* 3. Uniforme. 4. Mélangée. Ayant souffert une plus grande altération que les précédentes. Plus boursouflée , plus vitreuse et plus inégale à sa surface.	

SECONDE CLASSE.

THERMANTIDES.

Matières qui n'offrent que des indices de cuisson.

THERMANTIDE.	1. Cimentaire. (*v.* Pouzzolane. Lapillo.) En fragmens raboteux , percés de quelques pores. Ayant souffert une vitrification incomplète.	Accidens de lumière. *Couleurs.* *a.* Gris. *b.* Rouge sombre. *c.* Noir.

ESPECES.	VARIÉTÉS.	SOUS-VARIÉTÉS.
THERMANTIDE.	2. Tripoléenne. Feuilletée, et offrant les mêmes caractères que le tripoli provenu par la voie aqueuse. 3. Pulvérulente. (v. Cendre volcanique.) D'une consistance de poussière qui est rude au toucher. Acquérant dans l'eau un certain degré de ductilité.	

TROISIÈME CLASSE.

PRODUITS DE LA SUBLIMATION.

Le soufre, l'ammoniac muriaté, l'arsenic sulfuré, le fer oligiste, &c., sont renfermés dans cette classe, et ont les mêmes caractères que les substances décrites sous ce nom, chacune à leur article, quoique produites par une autre voie. Ainsi on n'en parle que pour réunir sous un même point-de-vue les substances volcaniques.

QUATRIÈME CLASSE.
LAVES ALTÉRÉES.

Laves qui ont subi une décomposition plus ou moins avancée par l'effet des vapeurs acido-sulfureuses, ou des vicissitudes de l'atmosphère.

Alunifère.
(v. Pierre alumineuse de la Tolfa.)
P. sp. 2,587. Cassure raboteuse dont les inégalités sont sensibles. Dureté du marbre blanc. Sans happe-

ESPECES.	VARIETÉS.	SOUS-VARIETES.
	ment à la langue, sans effervescence dans l'acide nitrique. Celle où il y a peu d'alun est moins dure, a une cassure plus lisse, et adhère à la langue. On met encore dans ces laves les cristaux qui se sont décomposés sans perdre leur forme.	

CINQUIEME CLASSE.

TUFS VOLCANIQUES, de l'italien *tuffa*.

Produits par des irruptions boueuses, empâtemens et aglutinations par
la voie humide.

TUF VOLCANIQUE.	1. Uniforme.	Accidens de lumière. *Couleurs.* *a.* Rouge. *b.* Gris. *c.* Noir.
	2. Mélangé. Renfermant des grains de chaux carbonatée, de mica, etc.	Argileux. (*v.* Pépérino.)

SIXIEME CLASSE.

Substances qui ont été formées dans l'intérieur des laves, postérieurement à l'époque où celles-ci ont coulé; telles que la mésotype, l'analcime, la stilbite, la chabasie, &c.

APPENDICE.

Substances qui ont été modifiées par la chaleur des feux souterrains
non volcaniques.

ESPÈCES.	VARIÉTÉS.	SOUS-VARIÉTÉS.
THERMANTIDES NON VOLCANIQUES.	1. Porcelanite. Aspect assez semblable à celui de la brique qui a essuyé une légère vitrification en-dessus. 2. Tripoléenne. (v. Jaspe porcelaine. Porcelanite.) Ordinairement schisteuse, et ayant tous les caractères du tripoli.	

FIN.

Articles survenus pendant l'impression , et qui doivent être portés aux pages indiquées.

PAGE 16.

ESPÈCES.	VARIÉTÉS.	SOUS-VARIÉTÉS.
2.ᵉ Espèce. **MAGNÉSIE CARBONATÉE,** (Carbonate de Magnésie.) F. sp. 2,612. Rayant légèrement le verre de Bohème, après avoir souffert l'action du feu. Sa couleur est d'un blanc de céruse. Ne donnant point d'odeur argileuse. Happant à la langue sensiblement. Aussi compacte que la craie la plus dure. Peu soluble dans l'eau, et ne se réduisant pas en pâte solide. Exposée dans l'acide nitrique étendu d'eau , elle laisse dégager une certaine quantité de gaz. Exposée au feu , elle perd 0,585 de son poids. *Analyse de Guiton.* Magn. . . . . 26,3. Sil. . . . . 14,2. Ac. carb. . . . . 46,0. Eau. . . . . 12,0 Fer. . . . . 01,0. Perte. . . . . 00,5. ——— 100,0.	Formes. *Indéterminables.* Amorphe.	

PAGE 34.

Une analyse de Vauquelin vient de prouver que la topase est composée d'acide fluorique, de silice et d'alumine : celles de Saxe et du Brésil ont donné ces résultats, et il est à croire que celle de Sibérie offrira ce même acide à Vauquelin, qui s'occupe de son analyse.

PAGE 44.

Ajouter aux tourmalines les deux espèces suivantes, qui ont été décrites par Haüy.

TOURMALINE { TRÉDÉCIMALE. NONODUODÉCIMALE.

Analyse de la tourmaline violet-rouge, par Vauquelin.	*D'une autre rouge-noirâtre de Sibérie, par le même.*
Sil. . . . . 42.	Sil. . . . . 45.
Alu. . . . . 40.	Alu. . . . . 30.
Ox. de fer et mang. . . 7.	Ox. de mang. mêlé d'ox.
Soude. . . . . 10.	de fer. . . . . 15.
Perte. . . . . 1.	Soude. . . . . 10.
	Perte. . . . . 1.
100.	100.

PAGE 51.

Il paraît que, d'après les observations d'Haüy et l'analyse de M. Cordier, le sphène est un titane silico-calcaire. (*Bulletin de la Société philomatique, prairial an 12.*)

PAGE 92.

Tableau de l'électricité des Minéraux.

Electricité vitrée.	*Electricité résineuse.*
Zinc. Très-forte.	Platine.
Argent.	Or.
Bismuth. Forte.	Etain.
Cuivre.	Antimoine.
Plomb.	Cuivre gris. Très-forte.
	Cuivre sulfuré. Très-forte.

Fer oligiste.
L'acier.

Ces deux derniers sont sujets à des anomalies qu'on n'a pu encore expliquer ; ils donnent tantôt l'électricité vitrée , tantôt l'électricité résineuse , comme l'a observé Haüy, qui, par ses expériences réitérées , est parvenu à former ce tableau.

Cuivre pyriteux. Forte.
Argent antimonial.
Argent sulfuré. Forte.
Nickel.
Cobalt gris.
Cobalt arsenical.
Antimoine sulfuré.
Fer sulfuré.
Fer oxidulé.

Ce dernier est sujet à des anomalies.

PAGE 93.

Les chimistes Fourcroy , Vauquelin, Descostils, Chenevix, Tennant et Wollaston ont depuis peu travaillé sur le platine : le résultat n'est pas encore assez satisfaisant , et les expériences ne sont pas assez confirmées , pour établir comme vérité l'existence des différens produits qu'ils annoncent.

Fourcroy et Vauquelin avaient trouvé , dans un premier examen , que ce métal était composé de sable quartzeux et ferrugineux, de fer , de soufre , de cuivre , de titane , de chrome , d'or , de platine et d'un nouveau métal.

Un second examen leur a fait connaître que le chrome et le fer n'y entraient point. Tennant et Wollaston en ont découvert trois autres, dont Tennant deux.

Ces quatre métaux portent le nom d'*iridium* , d'*osmium* , *rhodium* et *palladium*. L'existence de ce dernier paraît avoir été acertainée d'après les expériences de Tennant , contre le sentiment de Chenevix , qui prétendait que ce n'était qu'un alliage de mercure et de platine. (*Extrait du Bulletin de la Société philomatique , fructidor an 12 de la République , n.° 90 , 8.e année.*)

PAGE 121.

Analyse par Fourcroy, d'un fer phosphaté de l'Ile-de-France.

Fer. . . . . 41,25.
Ac. phos. . . . . 19,25.
Eau. . . . . 31,25.
Alu. . . . . 5,00.
Silice ferruginée. . . 1,25.
Perte. . . . . 2,00.
____
100,00.

TABLE DES MATIERES.

A.

ACTIBOTE.   *Page* 47.
Actinolite.   *Ibid.*
Adamantine.   139.
AEtite.   118.
AEtite siliceuse.   25.
Agaric minéral.   4.
Agate.   25.
Agate arborisée.   *Ibid.*
Agate des volcans.   156.
Agate d'Islande.   *Ibid.*
Agate noire d'Islande.   *Ibid.*
Agate onyx.   26.
Agate panachée.   *Ibid.*
Agate ponctuée.   27.
Agrégats de première for-
  mation.   146.
Agrégats de seconde for-
  mation.   148.
Agrégats de troisième for-
  mation.   150.
Aigue-marine.   35.
Aigue-marine orientale.   34.
Aigue-marine de Sibérie.   35.
Aimant naturel.   114.
Albâtre gypseux.   10.
Alcali minéral.   19.
Alumine.   21.
Alumine fluatée alcal.   *Ibid.*
Alumine sulfatée.   22.
Alun.   21.
Alun de plume.   *Ibid.*

Amalgame natif.   98.
Ambre jaune.   90.
Améthyste.   24.
Améthyste orientale.   30.
Amiante.   67.
Amianthoïde.   70.
Ammoniac.   20.
Ammoniac muriaté.   *Ibid.*
Amphibole.   46.
Amphigène.   39.
Analcime.   60.
Anatase.   53.
Andalousite.   75.
Andréas-bergolithe.   61.
Andréolite.   *Ibid.*
Anthracite.   87.
Antimoine.   133.
Antimoine en plume.   134.
Antimoine hydro-sul-
  furé.   135.
Antimoine muriaté.   *Ibid.*
Antimoine natif.   133.
Antimoine oxidé.   134.
Antimoine oxidé blanc   *Ibid.*
Antimoine spéculaire.   *Ibid.*
Antimoine sulfuré.   *Ibid.*
Antimoine sulfuré-ar-
  gentifère.   *Ibid.*
Apatite.   8.
Apatite des Pyrénées.   70.
Aplome.   *Ibid.*
Arborisé (quartz-agate).   25.
Ardoise.   149.

Argent.   94.
Argent antimonial.   95.
Argent antimonié sul-
  furé.   96.
Argent antimonié sul-
  furé aurifère.   97.
Argent antimonié sul-
  furé ferrifère.   *Ibid.*
Argent corné.   *Ibid.*
Argent en épis.   109.
Argent muriaté.   97.
Argent natif.   94.
Argent noir.   97.
Argent rouge.   96.
Argent sulfuré.   95.
Argent vitreux.   *Ibid.*
Argile à foulon.   148.
Argile calcarifère.   149.
Argile glaise.   148.
Argile lithomarge.   *Ibid.*
Argile ocreuse.   148.
Argile rouge graphique   *Ibid.*
Argile savonneuse.   *Ibid.*
Argile smectite.   *Ibid.*
Arragonite de Werner.   71.
Arseniate de chaux.   11.
Arsenic.   130.
Arsenic jaune.   131.
Arsenic natif.   130.
Arsenic oxidé.   131.
Arsenic rouge.   *Ibid.*
Arsenic sulfuré.   *Ibid.*
Arsenic sulfuré jaune.   *Ibid.*

Arsenic sulfuré rouge. 131.
Arsenic testacé. 130.
Asbeste. 67.
Asbeste mûr, non mûr. Ibid.
Asphalte. 88.
Astérie rubis. 30.
Astérie saphir. Ibid.
Augite. 48.
Avanturine. 42.
Avanturine naturelle. 25.
Axinite. 44.
Azur de cuivre. 111.

B.

Baryte. 12.
Baryte aérée. 13.
Baryte carbonatée. Ibid.
Baryte sulfatée. 12.
Baryte vitriolée. Ibid.
Basalte. 153.
Basalte en boule. 154.
Basalte en colonne. 153.
Basalte en table. 154.
Béril. 35 et 36.
Béril bleu. 36.
Béril schorlacé. Ibid.
Bismuth. 126.
Bismuth natif. Ibid.
Bismuth oxidé. 127.
Bismuth sulfuré. Ibid.
Bitume. 88.
Bitume de Judée. Ibid.
Blende. 125.
Bleu de montagne. 111.
Bleu de poix. 136.
Bleu de Prusse natif. 119.
Bois agatifié. 28.
Borate de soude. 19.
Borate magnésien. 16.
Borax. 19.
Brèche calcaire. 150.
Brèche d'Alep. Ibid.
Brèche dure. Ibid.

Byssolite. 70.

C.

Cachoulong. 27.
Cahoutchouc fossile. 88.
Cailloux. 26.
Caillou de Médoc. 23.
Caillou de Rennes. 150.
Caillou du Rhin. 23.
Calamine. 124.
Calcaire polissable argillo-ferrifère. 149.
Calcédoine. 25.
Carbonate de baryte. 13.
Carbonate de chaux. 2.
Carbonate de cuivre rouge. 110.
Carbonate de fer. 5.
Carbonate de nikel. 107.
Carbonate de plomb. 103.
Carbonate de soude. 19.
Carbonate de strontiane. 15.
Carbure de fer. 117.
Carnéole. 26.
Carton fossile. 67.
Cendre volcanique. 159.
Céruse natif. 104.
Ceylanite. 43.
Chabasie. 59.
Charbon de terre. 89.
Charbon de terre incombustible. 87.
Chaux. 1.
Chaux arseniatée. 11.
Chaux carbonatée. 1.
Chaux carbonatée aluminifère. 5.
Chaux carbonatée bituminifère. 7.
Chaux carbonatée ferrifère. 5.
Chaux carbonatée fétide. 7.
Chaux carbonatée magnésifère. Ibid.

Chaux carbonatée quartzifère. 6.
Chaux coquillière. 4.
Chaux d'arsenic. 131.
Chaux de cuivre, verte. 112.
Chaux de zinc. 124.
Chaux fluatée. 9.
Chaux fluatée aluminifère. Ibid.
Chaux nitratée. 11.
Chaux phosphatée. 8.
Chaux sulfatée. 10.
Chaux sulfatée anhydre. 72.
Chaux sulf. calcarifère. 149.
Chaux sulf. quartzifère. 72.
Chaux vitriolée. 10.
Chlorite. 68.
Chlorite ordinaire. Ibid.
Chromate de fer. 120.
Chromate de plomb. 102.
Chrome. 144.
Chrysobéril. 31 et 33.
Chrysolithe. 8 et 35.
Chrysolithe chatoyante. 31.
Chrysolithe de Saxe. 34.
Chrysolithe des lapidaires de Naples. 40.
Chrysolithe des volcans. 62.
Chrysolithe du Brésil. 35.
Chrysolithe du Cap. 58.
Chrysolithe orientale. 31.
Chrysoprase orientale. 33.
Cinabre natif. 99.
Cobalt. 128.
Cobalt arseniaté. 130.
Cobalt arseniaté terreux et argentifère. Ibid.
Cobalt arsenical. 128 et 129.
Cobalt en chaux. 129.
Cobalt en efflorescence. 130.
Cobalt gris. 129.
Cobalt gris et blanc. 128.
Cobalt oxidé noir. 129.
Cobalt rouge. 130
Coccolithe. 73

Colombin. 145.
Colombin ferrifère. *Ibid.*
Combustibles composés. 88.
Combustibles simples. 85.
Corindon. 42.
Cornaline. 26.
Couperose blanche. 126.
Craie. 4.
Craie de Briançon. 68.
Crayon noir. 118 et 149.
Crayon rouge. 148.
Cristal de roche. 23.
Cristal de roche de Madagascar. 24.
Cristal de roche vert. *Ibid.*
Cryolithe. 22.
Cuir fossile. 67.
Cuivre. 107.
Cuivre arseniaté. 112.
Cuivre carbonaté bleu. 111.
Cuivre carbonaté vert. 112.
Cuivre corné. 137.
Cuivre gris. 108.
Cuivre muriaté. 111 et 137.
Cuivre natif. 107.
Cuivre oxidé bleu. 111.
Cuivre oxidé rouge. 110.
Cuivre oxidé rouge arsenifère. *Ibid.*
Cuivre oxidé vert. 112.
Cuivre oxidé vert arsenical. *Ibid.*
Cuivre pyriteux. 108.
Cuivre pyriteux hépatique. *Ibid.*
Cuivre sulfaté. 113.
Cuivre sulfuré. 109.
Cuivre vitriolé. 113.
Cyanite. 64.
Cymophane. 31.

D.

Daourite. 81.
Delphinite. 50.

Dendrolithe. 28.
Dent-de-cochon (sp. cal.) 2.
Diallage. 53.
Diamant. 86.
Diamant faux d'Alençon. 87.
Diamant rouge. *Ibid.*
Diamant spathique. 42.
Diaspore. 73.
Dioptase. 54.
Dipyre. 66.
Disthène. 64.
Dolomie. 5.

E.

Ecume de terre des Allemands. 74.
Emeraude. 35 et 54.
Emeraude de Carthagène. 9.
Emeraude du Brésil. 36.
Emeraude du Brésil des lapidaires. 45.
Emeraude du Pérou. 35.
Emeraude (fausse). 36.
Emeraude morillon. *Ibid.*
Emeraude orientale. *Ibid.*
Emeraude primitive. *Ibid.*
Emeraudine. 54.
Emeraudite. 53.
Emeril. 118.
Epidote. 50.
Etain. 122.
Etain brun et noir. *Ibid.*
Etain de glace. 126.
Etain en stalactite. 122.
Etain limoneux. *Ibid.*
Etain œillé. *Ibid.*
Etain oxidé. *Ibid.*
Etain sulfuré. 123.
Ethiops martial natif. 114.
Euclase. 37.

F.

Farine fossile. 4.
Feld-spath. 41.

Feld-spath apyre. 75.
Feld-spath argilliforme. 42.
Feld-spath de Bavano. 41.
Feld-spath du Forez. 75.
Feld-spath œil-de-chat. 42.
Feld-spath vert. 53.
Fer. 114.
Fer arsenical. 115.
Fer arsenical argentifère. *Ibid.*
Fer arsenical pyriteux. *Ibid.*
Fer azuré. 119.
Fer carburé. 117.
Fer chromaté. 120.
Fer cellulaire. 118.
Fer micacé. 114.
Fer micacé rouge. 118.
Fer noir. 114.
Fer oligiste. *Ibid.*
Fer oxidé. 118.
Fer oxidé bleu. 119.
Fer oxidé hématite. 118.
Fer oxidé quartzifère. *Ibid.*
Fer oxidé rouge. *Ibid.*
Fer oxidé rubigineux. *Ibid.*
Fer oxidulé. 114.
Fer phosphaté. 121.
Fer spathique. 5.
Fer sulfaté. 119.
Fer sulfuré. 116.
Fer sulfuré décomposé. 117.
Fleur de cuivre bleu. 111.
Fleur de manganèse. 132.
Fleur de soufre des volcans. 86.
Flos ferri.
Fluate d'alumine et de soude. 2.
Fluate de chaux. 9.

G.

Gadolinite. 54.
Galène. 101.
Galène à grain d'acier. *Ibid.*

Galène antimoniale. 101.
Galène martiale. *Ibid.*
Galène palmée. *Ibid.*
Galet. 25.
Girasol. 27.
Gneiss. 146 et 147.
Gorge de pigeon. 108.
Grammatite. 65.
Granite. 146.
Granite à quatre sub-
stances. *Ibid.*
Granite à trois substan-
ces. *Ibid.*
Granite de Styrie. *Ibid.*
Granite égyptien. *Ibid.*
Granite globuleux de
Corse. *Ibid.*
Granite graphique. *Ibid.*
Granite noir. 147.
Granite recomposé. 152.
Gravier. 24.
Grenat. 37.
Grenat blanc. 38.
Grenat de Bohême. *Ibid.*
Grenat brun. 43.
Grenat d'étain. 38.
Grenat du Puy. *Ibid.*
Grenat du Vésuve. 39.
Grenat hyacinthe. 38.
Grenat syrien. *Ibid.*
Grenat syrien de Boë-
ce. *Ibid.*
Grenatite. 49.
Grès. 151.
Grès de Fontainebleau. 6.
Grès de Turquie. 151.
Grès des houillères. 152.
Grès du Levant. 151.
Grès ferrifère. *Ibid.*
Grès ferrugineux. *Ibid.*
Grès calcaréo-quartzeux. 6.
Grès lustré. 151.
Grès poreux. *Ibid.*
Gypse. 10.
Gypse en crête de coq. *Ibid.*

Gypse en rose. *Ibid.*

H.

Harmotome. 61.
Héliotrope. 27.
Houille. 89.
Houillite. 87.
Hyacinthe. 28.
Hyacinthe blanche cru-
ciforme. 61.
Hyacinthe blanche de la
Somma. 40.
Hyacinthe brune des vol-
cans. 39.
Hyacint. de Compostelle. 24.
Hyacinthe de Disentis. 29.
Hyacinthe-la-belle. *Ibid.*
Hyacinthe miellée. *Ibid.*
Hyacinthe occidentale *Ibid.*
Hyacinthe orientale. *Ibid.*
Hyacinthine. 39.
Hydrophane. 27.

I.

Idocrase. 39.

J.

Jade. 75.
Jade de Saussure. *Ibid.*
Jais. 89.
Jargon. 28.
Jargon de Ceylan. *Ibid.*
Jaspe. 27.
Jaspe ferrugineux. 24.
Jaspe fleuri. 27.
Jaspe onyx. *Ibid.*
Jaspe panaché. *Ibid.*
Jaspe porcelaine. 161.
Jaspe sanguin. 27.
Jayet. 89.

K.

Kaolin. 42.
Karabe. 90.
Kermès minéral natif. 104.
Koupholithe. 75.
Kupfernikel. 106.

L.

Laitier de volcans. 157.
Lapillo. 158.
Lapis lazulite. 55.
Lave altérée aluminifè-
re. 159.
Lave vitreuse capillaire. 157.
Lave vitreuse émaillée *Ibid.*
Lave vitr. obsidienne. 156.
Lave vitreuse perlée. 157.
Lave vitreuse pumicée. *Ibid.*
Lave en boule. 154.
Lave lithoïde amphi-
génique. 156.
Lave lithoïde basalti-
que. 153.
Lave lithoïde feld-spa-
thique. 155.
Lave lithoïde pétrosili-
ceuse. *Ibid.*
Lave scorifiée. 158.
Lave vitreuse. 156.
Lave vitreuse obsidien-
ne. *Ibid.*
Lazulite. 55.
Lépidolithe. 76.
Lépidolithe d'Estener et
de Leuz. 82.
Leucite. 39.
Leucolithe. 65.
Leucolithe de Moléon. 66.
Liége de montagne. 67.
Liége fossile. *Ibid.*
Lilalite. 76.
Ludus Helmontii. 149.
Lumachelle de Carin-
thie. *Ibid.*

M.

MACLE. 69.
Macle basaltique. *Ibid.*
Madréporite. 76.
Magnésie. 15.
Magnésie boratée. 16.
Magnésie carbonatée. 162.
Magnésie sulfatée. 15.
Malachite. 112.
Malacolithe. 77.
Malthe. 88.
Manganèse. 132.
Manganèse blanc silici-
fère. 133.
Manganèse en aiguille. 132.
Manganèse noir baryti-
fère. 133.
Manganèse oxidé. 132.
Manganèse rose silici-
fère. 133.
Manganèse violet silici-
fère. *Ibid.*
Marbre bleu turquin. 147.
Marbre brèche. 150.
Marbre cervelas. 149.
Marbre cipolin. 147.
Marbre noir de Dinant. 7.
Marbre noir de Namur. *Ibid.*
Marbre de Hesse. 4.
Marbre lumachelle. 149.
Marbre ruiniforme. *Ibid.*
Marbre secondaire. *Ibid.*
Marbre statuaire. 4.
Marbre vert. 148.
Marcassite. 116 et 117.
Marcassite blanche. 117.
Marne. 149.
Massicot natif. 104.
Méionite. 40.
Mélanite, ou Grenat noir
de Frascati. 38.
Mellite. 90.
Ménakanite. 139.
Mercure. 98.

Mercure argental. 98.
Mercure muriaté. 99.
Mercure natif. 98.
Mercure sulfuré. 99.
Mercure sulfuré bitumi-
nifère. *Ibid.*
Mésotype. 56.
Mica. 63.
Mica des peintres. 64.
Mica vert. *Ibid.*
Micarelle. 78.
Mine arsenicale d'anti-
moine. 134.
Mine blanche d'antimoi-
ne. *Ibid.*
Mine d'antimoine en
plume. *Ibid.*
Mine d'antimoine gri-
se. *Ibid.*
Mine d'antimoine rouge
en plume. 135.
Mine d'argent antimo-
niale. 95.
Mine d'argent blanche. *Ibid.*
Mine d'argent corné. 97.
Mine d'argent grise. 108.
Mine d'argent grise an-
timoniale. 134.
Mine d'argent merde-
d'oie. 130.
Mine d'arsenic blanc. 115.
Mine d'arsenic gris. *Ibid.*
Mine de bismuth calci-
forme. 127.
Mine de chaux de fer. 118.
Mine de cobalt arseni-
cal sulfuré. 129.
Mine de cuivre antimo-
nial. 108.
Mine de cuivre gris. *Ibid.*
Mine de cuivre satinée. 112.
Mine de cuivre violette. 108.
Mine de cuivre vitreuse 109.
Mine de cuivre vitreuse
rouge. 110.

Mine de fer basaltique. 1.
Mine de fer blanche spa-
thique. 5.
Mine de fer en grains,
en poids, etc. 118.
Mine de fer grise. 115.
Mine de fer hépatique. 117.
Mine de fer spéculaire. 114.
Mine de mercure corné. 99.
Mine de plomb blanche. 104.
Mine de plomb grise. *Ibid.*
Mine de plomb jaune. 105.
Mine de plomb opaque. 104.
Mine de plomb rougeâ-
tre. *Ibid.*
Mine de plomb vert. *Ibid.*
Mine d'étain blanche. 141.
Mine d'étain vitreux
commune. 122.
Mine d'or jaunâtre de
Nagyag. 144.
Mine sulfurée de bis-
muth. 127.
Minium natif. 104.
Mispikel. 115.
Moelle de pierre. 4.
Molybdène. 138.
Molybdène sulfuré. *Ibid.*
Muriacite. 18.
Muriacite de soude. *Ibid.*
Muriate d'ammoniac. 20.
Muriate d'antimoine. 134.
Muriate d'argent. 97.
Muriate de cuivre. 137.
Muriate mercuriel doux. 99.

N.

NATRON. 19.
Néphéline. 60.
Néphrite. 75.
Nikel. 106.
Nikel arsenical. *Ibid.*
Nikel oxidé. 107.
Nikel terreux. *Ibid.*
Nitre. 17.

Nitre calcaire. 11.
Nitrate de potasse. 17.

O.

Ocre de bismuth. 127.
Ocre de nikel. 106.
Octaëdrite. 53.
OEil-de-chat. 26.
OEil-de-perdrix. 154.
Oisanite. 53.
Olivin. 62.
Olivine. *Ibid.*
Onyx. 26.
Oolithe. 4.
Opale. 27.
Ophite. 147.
Or. 94.
Or blanc. 142.
Or blanc dentritique. 143.
Or gris de Nagyag. *Ibid.*
Or mussif natif. 123.
Or natif. 94.
Orpiment. 131.
Orpiment natif. *Ibid.*
Orpin. *Ibid.*
Orpin natif. *Ibid.*
Oxide de manganèse. 132.
Oxide de mercure sulfuré rouge. 99.
Oxide rouge arsenical d'antimoine. 135.

P.

Palaïopètre. 79.
Peichstein. *Ibid.*
Péridot. 62.
Péridot de Ceylan, de Romé de l'Isle. 45.
Pétrole. 88.
Pétrole compacte. 89.
Pétrosilex. 79.
Pétrosilex agatoïde. *Ibid.*

Pétrosilex jaspoïde. 79.
Pétrosilex résinite. *Ibid.*
Petun-sé. 41.
Phosphate calcaire. 8.
Pierre à baguette. 79.
Pierre à bâtir. 4.
Pierre à fusil. 26.
Pierre à lancette. 27.
Pierre alumineuse de la Tolfa. 159.
Pierre à plâtre. 149.
Pierre à rasoir. *Ibid.*
Pierre calcaire. 2.
Pierre d'aigle. 118.
Pierre d'Arcueil. 4.
Pierre d'Arménie. 55.
Pierre d'azur. *Ibid.*
Pierre de Bergamasque. 72.
Pierre de Bologne. 12.
Pierre de colubrine. 68.
Pierre de corne. 147.
Pierre de croix. 49.
Pierre de Florence. 149.
Pierre de galinace. 156.
Pierre de Labrador. 42.
Pierre de lard. 68.
Pierre de lune. 41.
Pierre de poix. 27.
Pierre de porc. 7.
Pierre des Amazones. 41 et 75.
Pierre de Tonnerre. 4.
Pierre de Volvic. 154.
Pierre en tige. 79.
Pierre graphique. 146.
Pierre légère. 27.
Pierre meulière. 26.
Pierre noire des charpentiers. 149.
Pierre obsidienne. 156.
Pierre ollaire. 68.
Pierre orientale. 30.
Pierre-ponce. 157.
Pierre volante. 130.
Pisasphalte. 88.

Pisolithe. 4.
Platine. 93.
Platine natif ferrifère. *Ibid.*
Pléonaste. 43.
Plomb. 100.
Plomb arsenié. 101.
Plomb blanc. 103.
Plomb carbonaté. *Ibid.*
Plomb carbonaté terreux. *Ibid.*
Plomb chromaté. 102.
Plomb corné. 103.
Plomb molybdaté. 105.
Plomb natif. 100.
Plomb phosphaté. 104.
Plomb rouge. 102.
Plomb spathique blanc. 103.
Plomb sulfaté. 105.
Plomb sulfuré. 101.
Plomb sulfuré antimonifère. *Ibid.*
Plomb sulfuré argentifère. *Ibid.*
Plomb sulfuré ferrifère. *Ibid.*
Plomb vert arsenical. *Ibid.*
Plomb volcanique. 100.
Plombagine. 117.
Plombagine charbonneuse. 87.
Poix minérale. 88.
Ponce. 157.
Porcelanite. 161.
Porphyre noir. 147.
Porphyre noir antique. *Ibid.*
Porphyre rouge. *Ibid.*
Potasse. 17.
Potasse nitratée. *Ibid.*
Potelot. 138.
Poudding. 150.
Poudding anglais. *Ibid.*
Poudre à mouche. 130.
Pouzzolane. 158.
Prase. 24.
Préhnite. 58.

Prime d'émeraude. 9.
Produits de la sublima-
tion. 159.
Pseudomorphose. 28.
Pycnite. 65.
Pyrite arsenicale. 115.
Pyrite martiale. 116.
Pyrite sulfureuse, *Ibid.*
Pyroxène. 48.

Q.

QUARTZ. 23.
Quartz agate. 25.
Quartz agate brèche. 150.
Quartz aluminifère tri-
polin. 151.
Quartz arénacé agluti-
né. *Ibid.*
Quartz crête-de-coq. 28.
Quartz cubique. 16.
Quartz commun. 23.
Quartz hématoïde. 24.
Quartz hyalin. 23.
Quartz hyalin aérohydre. 25.
Quartz gras. 24.
Quartz jaspe. 27.
Quartz micacé. 146.
Quartz nectique. 27.
Quartz pseudomorphi-
que. 28.
Quartz résinite. 27.

R.

RAPIDOLITHE. 79.
Rayonnante. 47.
Rayonnante en gouttière. 51.
Rayonnante vitreuse. 50.
Réalgar. 131.
Réalgar natif. *Ibid.*
Régule d'arsenic natif. 130.
Roche amphibolique. 147.
Roche argileuse. 148.
Roche calcaire. 147.

Roche cornéenne. 147.
Roche feld-spathique. 146.
Roche jadienne. 147.
Roche micacée. *Ibid.*
Roche pétrosiliceuse. *Ibid.*
Roche quartzeuse. 146.
Roche serpentineuse. 148.
Roche talqueuse. 147.
Rubicelle. 32 et 34.
Rubine d'arsenic. 130.
Rubis balais. 32 et 34.
Rubis de Barbarie. 33.
Rubis de Bohême. 24.
Rubis de roche. 33.
Rubis de soufre. *Ibid.*
Rubis du Brésil. 34.

S.

SABLE mouvant. 24.
Sable-sablon. *Ibid.*
Sable vert du Pérou. 111.
Sable volcanique. 158.
Sagénite. 139.
Salpêtre. 17.
Salpêtre de houssage. *Ibid.*
Saphir blanc. 30.
Saphir d'eau. 24.
Saphir du Brésil. 34.
Saphir du Brésil des la-
pidaires. 45.
Saphir (faux). 31.
Saphir mâle. 30.
Saphir oriental. *Ibid.*
Sappare. 64.
Sardoine. 26.
Scapolythe. 79.
Schéelin. 140.
Schéelin calcaire. 141.
Schéelin ferruginé. 140.
Schiste. 149.
Schiste primitif. 148.
Schorl. 44 et 46.
Schorl aigue-marine. 36.
Schorl blanc. 60.

Schorl blanc d'Alten-
berg. 47.
Schorl blanc du Dau-
phiné. *Ibid.*
Schorl blanchâtre. 65.
Schorl bleu. 53 et 64.
Schorl brun. 43.
Schorl cruciforme. 49.
Schorl de Madagascar. 45.
Schorl électrique. 46.
Schorl en gerbe. 47.
Schorl en prisme octaè-
dre. 48.
Schorl fibreux. 47.
Schorl octaèdre du Dau-
phiné. *Ibid.*
Schorl rouge. 47 et 139.
Schorl rouge de Sibérie. 81.
Schorl transparent rhom-
boïdal. 44.
Schorl vert du Dauphiné 50.
Schorl violet. 44.
Schorl violet (nouveau). 47.
Schorl volcanique. 48.
Sel amer. 15.
Sel ammoniac. 20.
Sel commun. 18.
Sel d'epsom. 15.
Sel gemme. 18.
Sel marin. *Ibid.*
Sélénite. 10.
Serpentine. 147 et 148.
Sibérite. 81.
Silex. 26.
Silex en boule. 25.
Sinople. 24.
Smaragdite. 53.
Sommite. 60.
Soude. 18.
Soude boratée. 19.
Soude carbonatée. *Ibid.*
Soude muriatée. 18.
Soude muriatée gypsi-
fère. *Ibid.*
Soufre. 85.

Spath adamantin. 42.
Spath adamantin d'un rouge violet. 75.
Spath boracique. 16.
Spath calcaire. 1.
Spath calcaire cubique. 2.
Spath calcaire en tête de clou. 2.
Spath calcaire lenticulaire. 4.
Spath calcaire strié. 2.
Spath chatoyant des Allemands. 80.
Spath d'Aragon. 71.
Spath étincelant. 41.
Spath fluor. 9.
Spath magnésien. 7.
Spath perlé. 6.
Spath pesant. 12.
Spath pesant en crête de coq. Ibid.
Spath schisteux des Allemands. 80.
Spath séléniteux. 12.
Spath vitreux. 9.
Sphène. 51.
Spinelle. 32.
Spinthère. 80.
Spodumène. 82.
Stalactite. 4.
Staurotide. 49.
Stéatite. 68.
Stilbite. 57.
Strontiane. 14.
Strontiane carbonatée. 15.
Strontiane sulfatée. 14.
Strontianite. 15.
Substances acidifères. 1.
Substances acidifères alcalines. 17.
Substances acidifères terreuses. 1.
Substances alcalino-terreuses. 21.
Substances combustibles. 85.

Substances métalliques. 92.
Substances terreuses. 23.
Succin. 90.
Succin noir. 89.
Succin transparent cristallisé. 90.
Sulfate d'alumine. 21.
Sulfate de baryte. 12.
Sulfate de chaux. 10.
Sulfate de cuivre. 113.
Sulfate de fer. 119.
Sulfate de plomb. 105.
Sulfate de strontiane. 14.
Sulfate de zinc. 126.
Sulfure d'argent. 95.
Sulfure de cuivre. 109.
Sulfure de mercure. 99.
Sulfure de molybdène. 138.
Sulfure de plomb. 101.
Sulfure de zinc. 125.

T.

Talc. 68.
Talc bleu. 64.
Talc de Moscovie. 63.
Talc de Venise. 68.
Talc ou Stéatite. Ibid.
Tantalite. 144.
Tantalite yttrifère. 145.
Tantalite ferrifère. Ibid.
Télésie. 30.
Tellure. 142.
Tellure natif. Ibid.
Tellure natif aurifère. 144.
Tellure natif aurifère et argentifère. 143.
Tellure natif aurifère et plombifère. Ibid.
Tellure natif ferrifère et aurifère. 142.
Tellure natif graphique. 143.
Terre à brique. 148.
Terre à foulon. Ibid.

Terre à potier. 148.
Terre glaise. Ibid.
Terre martiale en hématite. 118.
Terre verte de Vérone. 68.
Thallite. 50.
Thermantide. 158.
Thermantide cimentaire. Ibid.
Thermantide non volcanique. 161.
Thermantide non volcanique tripoléenne. Ib.
Thermantide pulvérulente. 159.
Thermantide tripoléenne. Ibid.
Tinckal. 19.
Titane. 139.
Titane en oxide. Ibid.
Titane oxidé. Ibid.
Titane oxidé ferrifère. Ibid.
Titane silico-calcaire. Ibid.
Titanite. Ibid.
Topaze. 33.
Topaze de Bohème. 34.
Topaze de Saxe. 33.
Topaze d'Inde. Ibid.
Topaze du Brésil. Ibid.
Topaze (fausse). 24.
Topaze hyaline. 34.
Topaze jaune-verdâtre Ibid.
Topaze occidentale. 24.
Topaze orientale. 30.
Tourmaline. 24.
Tourmaline apyre. 81.
Tourmaline apyre de Rosena. 82.
Trémolite. 65.
Triphane. 82.
Tripoli par la voie aqueuse. 151.
Tuf volcanique. 160.
Tungstate calcaire. 141.
Tungstène. 140.

Tungstène avec fer. 140.
Tungstène blanc. 141.

U.

Urane. 136.
Urane en oxide. 137.
Urane oxidé. *Ibid.*
Urane oxidulé. 136.
Uranite sulfureuse. *Ibid.*

V.

Variolite de la Durance. 147.
Variolite du Drac. *Ibid.*
Vermeil oriental. 30.
Vermillon natif. 99.
Verre de volcan. 156.
Verre de volcan en filets capillaires. 157.
Vert antique. 148.
Vert de Corse. 147.

Vert de montagne. 112.
Vésuvienne. 39.
Vif-argent. 98.
Vitriol blanc. 126.
Vitriol bleu. 113.
Vitriol de fer. 119.
Vitriol de plomb. 105.
Vitriol de zinc. 126.
Vitriol martial. 119.
Vitriol vert. *Ibid.*

W.

Wernerite. 52.
Witherite. 13.
Wolfram. 140.
Wolfram blanc. 141.

Y.

Yanolithe. 44.
Yttrotantalite. 145.

Z.

Zéolithe. 56.
Zéolithe bleu. 55.
Zéolithe cubique. 59 et 60.
Zéolithe du Brisgaw. 57.
Zéolithe dure. 60.
Zéolithe efflorescente. 83.
Zéolithe nacrée. 57.
Zéolithe radicée. 85.
Zéolithe rouge d'AEdelfort. 84.
Zéolithe verdâtre. 58.
Zillerthite. 47.
Zinc. 124.
Zinc carbonaté. *Ibid.*
Zinc oxidé. *Ibid.*
Zinc sulfaté. 126.
Zinc sulfuré. 125.
Zinc sulfuré argentifère. *Ibid.*
Zinc sulfuré aurifère. *Ibid.*
Zinc sulfuré ferrifère. *Ibid.*
Zircon. 28.

FIN DE LA TABLE.

44

ERRATA.

Page 19, *ajoutez à la* Soude carbonatée : F. p. octaèdre à bases rhomboïdales.

Page 22, colonne 1, ligne 5, Cryolithe, *lisez* Chrysolite.

Page 28, colonne 3, ligne 18, Dendrolies, *lisez* Dendrolithe.

Page 37, colonne 1, ligne 2, Enclase, *lisez* Euclase.

Page 47, colonne 2, ligne 20, Daouarite, *lisez* Daourite.

Page 58, colonne 2, ligne 5, hronzée, *lisez* bronzée.

Page 64, colonne 1, ligne 14, Talc. Schorl bleu, *lisez* Talc, schorl bleu.

Page 68, colonne 1, ligne 9, Stéalite, *lisez* Stéatite.

Page 69, colonne 2, ligne 13, Circonscrite, *lisez* Circonscrit.

Page 79, colonne 1, ligne 17, Pierre cutige, *lisez* Pierre en tige.

Page 100, *après* TROISIÈME ORDRE, Oxydables, *lisez* Oxidables.

Page 115, colonne 1, ligne 19, arsenical, *lisez* arsenicale,

Page 118, colonne 3, ligne 9, AElite, *lisez* AEtite.

Page 130, colonne 2, ligne 11, *après* Mine d'argent. ôtez le point.

Page 133, *au onzième genre*, ατιμονος, *lisez* αντιμονος.

Page 139, colonne 3, Ménakainte, *lisez* Ménakanite.